高等职业教育课程改革项目研究成果系列教材

信息技术基础实训指导

主　编　王道乾　刘定智　张　恒　郑志建
副主编　刘世罗　谭景予　陈秀丽　姚　毅
参　编　庞业涛　许　倩

北京理工大学出版社
BEIJING INSTITUTE OF TECHNOLOGY PRESS

版权专有　侵权必究

图书在版编目（CIP）数据

信息技术基础实训指导 / 王道乾等主编. —北京：北京理工大学出版社，2021.9（2023.1重印）
ISBN 978-7-5763-0289-9

Ⅰ．①信… Ⅱ．①王… Ⅲ．①电子计算机-高等职业教育-教学参考资料 Ⅳ．①TP3

中国版本图书馆CIP数据核字（2021）第177617号

出版发行 /	北京理工大学出版社有限责任公司
社　　址 /	北京市海淀区中关村南大街5号
邮　　编 /	100081
电　　话 /	（010）68914775（总编室）
	（010）82562903（教材售后服务热线）
	（010）68944723（其他图书服务热线）
网　　址 /	http://www.bitpress.com.cn
经　　销 /	全国各地新华书店
印　　刷 /	三河市天利华印刷装订有限公司
开　　本 /	787毫米×1092毫米　1/16
印　　张 /	11.5
字　　数 /	270千字
版　　次 /	2021年9月第1版　2023年1月第2次印刷
定　　价 /	33.00元

责任编辑 / 王玲玲
文案编辑 / 王玲玲
责任校对 / 刘亚男
责任印制 / 施胜娟

图书出现印装质量问题，请拨打售后服务热线，本社负责调换

前　言

　　本书根据全国计算机等级考试 MS Office 考试大纲的要求，兼顾一级 MS Office 应用和二级 MS Office 高级应用的考试需求编写而成。本书采用项目导向、任务驱动编写机制，在编写的过程中力求语言精简，图文并茂，内容实用，操作步骤详细。书中实训内容以实用为原则，由易到难，强化职业技能的培养；实训素材内容融入课程思政设计，旨在培养学生的职业素养。

　　本书是《信息技术基础》（王道乾、黄琳芬、赵庆超主编，北京理工大学出版社，2021 年）的配套教材，以 Windows 10 和 Office 2016 作为教学软件平台。本书实训内容由四部分组成，包括"上机指导""综合练习""计算机一级模拟试题集"和"计算机二级模拟试题集"。"上机指导"部分内容涵盖了计算机的认识和使用、认识 Windows 10 操作系统、文字处理软件——Word 2016、数据处理软件——Excel 2016、演示文稿制作软件——PowerPoint 2016。"上机指导"中的实训由实训目的、实训内容和实训步骤三部分组成。实训步骤根据实训内容，以图片和文字说明的形式详细介绍了上机操作步骤和注意事项，逐步引导读者完成实训任务。"综合练习"部分安排了大量的难易程度不同的综合练习，可以提高学生的 Office 2016 的综合应用能力。"计算机一级模拟试题集"和"计算机二级模拟试题集"部分各安排了 3 套模拟试题，并附有参考答案，内容涵盖了考试大纲的内容，可以很好地让学生了解考试内容，提高学生的应试和实操能力。

　　本书在编写的过程中参考了大量的文献资料和网站资料，在此对这些文献的所有作者表示衷心的感谢。由于编者水平有限，书中难免有不当之处，恳请广大读者批评指正。

目 录

第一部分 上机指导

项目 1 计算机的认识和使用 ·· 3
 实训 1.1 认识计算机硬件与配置计算机 ··· 3
 实训 1.2 计算机的硬件组装 ··· 8
 实训 1.3 文字录入练习 ·· 11
项目 2 认识 Windows 10 操作系统 ··· 17
 实训 2.1 Windows 10 系统设置 ·· 17
 实训 2.2 Windows 10 系统的高效工作模式设置 ··· 23
 实训 2.3 Windows 10 操作系统的文件管理 ·· 30
项目 3 文字处理软件——Word 2016 ··· 34
 实训 3.1 文档排版——编辑招聘启事 ··· 34
 实训 3.2 图文混排——制作公司宣传册 ··· 46
 实训 3.3 Word 长文档编排——毕业论文排版 ·· 57
 实训 3.4 邮件合并——制作志愿者工作证 ··· 67
项目 4 数据处理软件——Excel 2016 ·· 75
 实训 4.1 数据统计——制作成绩分析表 ··· 75
 实训 4.2 Excel 数据分析和处理——制作人口统计表 ·· 82
 实训 4.3 Excel 表格拆分和打印——制作工资表 ·· 95
项目 5 演示文稿制作软件——PowerPoint 2016 ··· 107
 实训 5.1 幻灯片基本制作——制作销售策划 ·· 107
 实训 5.2 幻灯片交互设置——设置人物简介 ·· 112
 实训 5.3 幻灯片放映与输出——放映与输出感动中国人物 ··· 122

第二部分 综合练习

综合练习一 Word 综合练习 ··· 133
综合练习二 Excel 综合练习 ·· 137
综合练习三 PowerPoint 综合练习 ··· 143

第三部分 计算机一级模拟试题集

计算机一级模拟试题（一） ·· 149

计算机一级模拟试题（二） 153
计算机一级模拟试题（三） 156

第四部分　计算机二级模拟试题集

计算机二级模拟题（一） 163
计算机二级模拟题（二） 168
计算机二级模拟题（三） 172

附录　参考答案 177
　　第三部分　计算机一级模拟题参考答案 177
　　第四部分　计算机二级模拟题参考答案 177

参考文献 178

第一部分

上机指导

项目 1
计算机的认识和使用

实训 1.1　认识计算机硬件与配置计算机

 实训目的

了解计算机的外部组成。
了解主机的内部结构。
了解主机的常用接口。
能够配置计算机。

 实训内容

1. 计算机的组成结构。
2. 计算机配件的性能参数。
3. 计算机配件的接口类型。
4. 计算机常用的其他外部设备。
5. 计算机的配置。

 实训步骤

1. 了解计算机的组成结构。
（1）了解台式计算机的外观及组成。
观察台式计算机的外观及组成，台式机外部设备主要由主机、显示器、键盘、鼠标等部件组成，如图 1-1-1 所示。
（2）认识主机的内部结构。
将计算机主机的机箱盖打开，观察主机的内部结构，主机的内部结构主要包括了主板、电源、CPU、内存、显卡、声卡、网卡、光驱等组成部件，如图 1-1-2 所示。
2. 了解计算机配件的性能参数。
利用教材，结合网络搜索工具，了解计算机各种配件的性能参数。
3. 了解计算机配件接口类型。
观察主机正面和背面的接口组成。主机的接口包括电源接口、打印机接口、USB 接口、视频输入/输出接口、PS2 鼠标键盘接口、网络接口和显示器接口等，如图 1-1-3 所示。

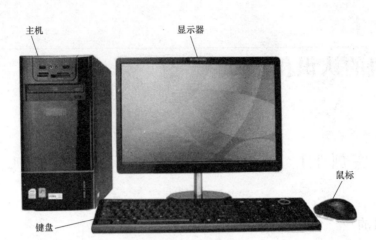

图 1-1-1　台式机外观

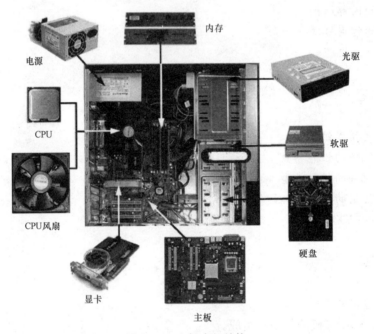

图 1-1-2　主机内部结构

4．常用的其他外部设备。

计算机常用的其他外部设备有摄像头、扫描仪、打印机和音响等，如图 1-1-4 所示。

5．配置一台计算机。

配置一台计算机，除了可以进行日常的学习工作外，还能用来玩一些比较大型的网络游戏。要求：性价比高，支持大多数游戏，读取速度快，画面效果和声音质量好并具有一定的护眼功能，价格控制在 3 000～5 000 元。

（1）CPU 的选择：英特尔（Intel）i78700

处理器基本频率：3.2 GHz

内核数/线程数：6/12

项目 1　计算机的认识和使用

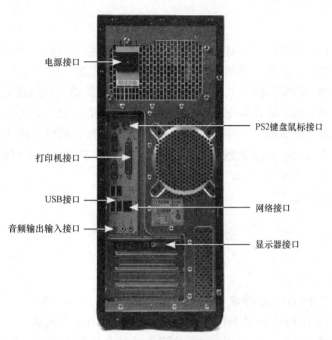

图 1-1-3　主机背面接口

图 1-1-4　常用的外部设备

缓存：12 MB

TDP：65 W

说明：8700 是第八代最强的桌面级 CPU 之一，其游戏性能无限接近于 7700K，6 核睿频 4.3G，4 核睿频 4.4G。发热低于 7700K，因为可以节省一些散热器。此外，因为无须超频，主板也不用太高的性能，600 元钱以内的主板就完全够用。500 W 的电源基本够用，如果不想多花钱，还想有高性能的 CPU，那么此款 CPU 就可以满足。

（2）主板的选择：技嘉 B360M

主/北桥芯片：B360

集成显卡：需要搭配内建 GPU 的处理器

接口类型：LGA1151（8 代）

内存插槽：4 个 DDR4DIMM 插槽，最高支持到 64 GB

内存标准：DDR42666、DDR42400、DDR42133

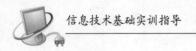

最大内存容量：64 GB

双通道支持：支持

三通道支持：不支持

说明：技嘉 B360 AORUS GAMING 3 WIFI 是一款面向中高端玩家的游戏主板，外观设计炫酷，扩展能力出色，符合玩家的要求。作为一款游戏主板，稳定是第一位的，技嘉 B360 AORUS GAMING 3 WIFI 提供了七相 CPU 供电，稳定支持第八代酷睿处理器，四条 DDR4 内存最高支持双通道扩展。它还标配了 M.2 散热片，可以帮助 M.2 设备保持清爽运行，获得更好的运行稳定性及性能表现。该主板提供了支持 CNVi 技术的网卡模块，搭配第八代酷睿处理器可以兼容 802.11ac Wave2 无线传输协议，提供理论上最高可达 1 734 Mb/s 的带宽支持。

（3）显卡的选择：影驰 GTX1070

芯片厂商：NVIDIA

制作工艺：16 nm

显存类型：GDDR5

显存容量：8 GB

显存位宽：256 bit

最大分辨率：7 680×4 320 像素

说明：影驰 GTX1070 大将显卡作为高性价比的 GTX1070 非公版显卡，其性能表现十分出色。在实际游戏测试环节，其可以在 2K 分辨率特效全开下完美运行各类单机大型游戏。

（4）内存条：威刚 DDR43200

容量：16 GB（8 GB×2）

速度：3 200 MHz

工作电压：1.35 V

说明：此款内存频率为 3 200 MHz，时序为 17-18-18-38，在性能实测中表现非常优秀。新颖的外观设计、酷炫瞩目的配色都是这款内存的加分项。

（5）硬盘：240 GB 三星 860EVO

容量：240 GB

缓存：Samsung 512 MB LowPower DDR4 SDRAM

读写速度：连续读取不超过 550 MB/s，连续写入不超过 520 MB/s。

说明：三星 860EVO 采用了 SATA 接口，特别为大众 PC 和笔记本电脑设计，采用最新一代的 V-NAND 技术和更稳定的算法，快速、稳定、兼容性好。在写入速度上，在智能 TurboWrite 技术的支持下，三星 860EVO 连续写入速度不高于 520 MB/s，连续读取速度不高于 550 MB/s。TurboWrite 缓冲区大小从 12 GB 到 78 GB，文件传输更快，效率更高。

（6）电源：先马金牌 500 W

额定功率：550 W

风扇：12 cm 静音风扇

输入电压：100～240 V

说明：先马金牌 550 W 电源的额定功率为 550 W，可以为高端玩家和游戏发烧友提供充足的用电支持，这款新品在外观上进行了升级，可以更好地搭配游戏平台。先马金牌有很好的节能表现，优秀的稳定输出表现也适合搭配游戏硬件，整体的效能和供电表现都不错，价格对于游戏玩家来说也是可以接受的。

（7）散热器：九州风神玄冰 400

适用范围：多平台产品

散热方式：风冷散热器

风扇转速（r/min）：[（900±150）～1 500]×（1±10%）

风量：74.34 CFM

风扇尺寸：120 mm×120 mm×25 mm

散热片材质：纯铜热管、铝鳍片

散热器尺寸：135 mm×80 mm×154.5 mm

噪音：17.8～30 dB（A）

电源接口：无

（8）机箱：航嘉暗夜猎手 3

机箱类型：台式机箱（中塔）

机箱样式：立式

机箱结构：ATX

适用主板：ATX 板型、MATX 板型、ITX 板型

显卡限长：360 mm

CPU 散热器限高：160 mm

说明：8700 的性能和 8700K 的差距不大，B360 主板也带得动不用超频的 8700，所以理论上这套配置是不错的。这套配置属于中高端玩家的配置。

6. 个人配置表。

根据自己的需求，选购符合自己需求的计算机，并考虑价格和将来的扩充性，完成个人计算机配置表的填写，见表 1-1-1。

表 1-1-1　个人计算机配置样表

名称	规格型号	参数	数量	单价	小计
CPU					
主板					
内存条					
硬盘					
固态硬盘					
显卡					
机箱					
电源					
散热器					
显示器					
鼠标					

续表

名称	规格型号	参数	数量	单价	小计
键盘					
音箱					
打印机					
其他配件					
总价					

实训1.2　计算机的硬件组装

实训目的

掌握计算机各部件的安装方法。
熟悉计算机各设备的连线方法。
了解计算机系统的组成。

实训内容

1. CPU安装。
2. 散热器安装。
3. 内存条安装。
4. 主板安装。
5. 电源安装。
6. 光盘驱动器安装。
7. 硬盘安装。
8. 显卡安装。
9. 相关数据线连接。
10. 外设连接。

实训步骤

1. 在主板上安装CPU。

（1）找到主板上安装CPU的插座，稍微向外、向上拉开CPU插座上的拉杆，拉到与插座垂直的位置，如图1-2-1所示。

（2）仔细观察可看到，在靠近阻力杆的插槽一角与其他三角不同，上面缺少针孔。取出CPU，仔细观察CPU的底部，会发现在其中一角上也没有针脚，这与主板CPU插槽缺少针孔的部分是相对应的，只要让两个没有针孔的位置对齐，就可以正常安装 CPU 了。

（3）看清楚针脚位置以后，就可以把 CPU 安装在插槽上了。安装时用拇指和食指小心夹住 CPU，然后缓慢下放到 CPU 插槽中。安装过程中要保证 CPU 始终与主板垂直，不要产生任何角度和错位，如图 1-2-2 所示。在安装过程中，如果觉得阻力较大，就要拿出 CPU 重新安装。当 CPU 顺利安插在 CPU 插槽中后，用食指下拉插槽边的阻力杆至底部卡住，CPU 就安装完成了。

图 1-2-1　拉开插座拉杆

图 1-2-2　CPU 安装

2. 安装散热器。

在安装散热器之前，应先查看 CPU 插槽附近的四个风扇支架是否有松动的部分；然后将风扇两侧的压力调节杆拉开，小心地将风扇垂直轻放在四个风扇支架上，并用双手扶住中间支点轻压风扇的四周，使其与支架慢慢扣合，听到四周边角扣具发出扣合的声音即可；最后将风扇两侧的双向压力调节杆向下压至底部扣紧风扇，保证散热片与 CPU 紧密接触。在安装完风扇后，一定要将风扇的供电接口安装回去。

3. 安装内存条。

（1）安装内存条前，应将内存插槽两端的白色卡子向两边扳动，将其打开，这样才能将内存条插入。插入内存条时，内存条的 1 个凹槽必须直线对准内存插槽上的 1 个凸点（隔断）。

（2）向下插入内存条，插入的时候需要稍稍用力，如图 1-2-3 所示。

图 1-2-3　内存条安装

4. 安装主板。

（1）在安装主板之前，将机箱提供的主板垫脚螺母安放到机箱主板托架的对应位置（有些机箱购买时就已经安装）。

（2）将 I/O 挡板安装到机箱的背部，然后双手平托住主板，将主板轻轻地放入机箱中，并拧上螺钉固定，如图 1-2-4 所示。

5. 安装电源。

先将电源放进机箱上的电源位，并将电源上的螺钉固定孔与机箱上的固定孔对正，然后再拧上一个螺钉（固定住电源即可），并将剩下的 3 个螺钉孔对正位置，再拧上剩下的螺钉即可，如图 1-2-5 所示。

图 1-2-4　将主板放入机箱中

图 1-2-5　电源安装

6. 安装光盘驱动器。

从机箱的面板上取下一个 5 寸[①]槽口的塑料挡板，然后把光驱从前面放进去，光驱就位后，再用螺钉将光驱固定。为了散热，应该尽量把光驱安装在最上面的位置。

7. 安装硬盘。

（1）在机箱内找到硬盘驱动器舱，将硬盘插入驱动器舱内，使硬盘侧面的螺钉孔与驱动器舱上的螺钉孔对齐。

（2）用螺钉将硬盘固定在驱动器舱中。安装时，应尽量把螺钉拧紧，使硬盘稳固，因为硬盘经常处于高速运转的状态，这样可以减少噪声及防止震动。

8. 安装显卡。

显卡插入插槽中后，用螺钉固定显卡，如图 1-2-6 所示。固定显卡时，要注意显卡挡板下端不要顶在主板上，否则，显卡无法插到位。插好显卡，固定挡板螺钉时要松紧适度，注意不要影响显卡插脚与 PCI/PCE-E 槽的接触，更要避免引起主板变形。声卡、网卡或内置调制解调器的安装与之相似。

图 1-2-6　显卡安装

---

① 1 寸＝3.33 厘米。

9. 相关数据线的连接。

（1）找到一个标有 AUDIO 的跳线插头，这个插头就是前置的音频跳线。在主板上找到 AUDIO 插槽并插入，这个插槽通常在显卡插槽附近。

（2）找到报警器跳线 SPEAKER，在主板上找到 SPEAKER 插槽并将线插入。这个插槽在不同品牌主板上的位置可能是不一样的。

（3）找到标有 USB 字样的 USB 跳线，将其插入 USB 跳线插槽中。

（4）找到主板跳线插座，其一般位于主板右下角，共有 9 个针脚，其中最右边的针脚是没有任何用处的。将硬盘灯跳线 HDDLED、重启键跳线 RESETSW、电源信号灯线 POWERLED、电源开关跳线 POWERSW 分别插入对应的接口。

（5）连接电源线：主板上一般提供 24 PIN 的供电接口或 20 PIN 的供电接口，并连接硬盘和光驱上的电源线。

（6）连接数据接口：硬盘一般采用 SATA 接口或 IDE 接口，光驱采用 IDE 接口。现在大多数主板上都有多个 SATA 接口、一个 IDE 接口。

10. 外设的连接。

主机安装完成以后，把相关的外部设备（如键盘、鼠标、显示器、音箱等）与主机连接起来。

实训 1.3　文字录入练习

实训目的

了解计算机标准键盘的分布。
了解计算机键盘按键的功能。
掌握计算机键盘的基本使用方法。
掌握标点符号、中英文的文字录入，实现盲打。
熟练掌握常用的输入法。

实训内容

1. 鼠标的基本操作。
2. 键盘的功能布局。
3. 键盘指法。
4. 英文录入练习。
5. 综合练习。

实训步骤

1. 鼠标的基本操作。

手握鼠标的正确方法：大拇指、无名指和小拇指握在鼠标侧面偏后位置，食、中二指微曲搭在左、右键上，鼠标背部和尾部不与手掌发生接触。鼠标左、右移动时，以手腕为支点左、右摆动。上、下移动时，手腕不动，靠大拇指和无名指的弯曲使鼠标在掌心内滑动。

掌握鼠标的 5 种基本操作：移动定位、单击、拖曳、单击和双击。

2. 认识键盘。

观察键盘，键盘按照各键功能的不同，划分为功能键区、主键盘区、编辑键区、小键盘区和状态指示灯 5 个区域，如图 1-3-1 所示。

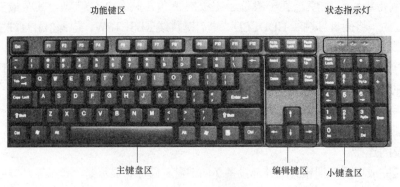

图 1-3-1　键盘的结构

（1）主键盘区。主键盘区是最常用的键盘区域，它由 A～Z 共 26 个英文字母键、0～9 共 10 个数字键和符号按键等组成。

（2）功能键区。功能键位于键盘的最上方，由 Esc 和 F1～F12 共 13 个键组成。

（3）数字键区。数字键区又称小键盘区，主要用于集中输入数字，该区域还包含了运算按键和回车键，便于数字的快速输入和计算。

（4）控制键区。控制键区也叫编辑区，是为了方便文本编辑，其中上、下、左、右键主要用来控制光标。

（5）状态指示灯区。该区主要用来提示小键盘工作状态、大小写状态及滚屏锁定键的状态。

3. 键盘指法。

打字时，为了能形成条件反射的击键，必须要固定好每个手指对应的基本按键，如图 1-3-2 所示。

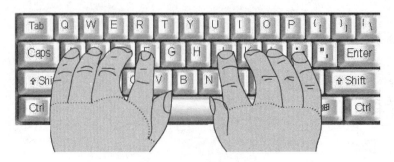

图 1-3-2　手指初始键位

键盘左半部分由左手负责，右半部分由右手负责。

每一只手指都有其固定对应的按键：

左小指：`、1、Q、A、Z。

左无名指：2、W、S、X。

左中指：3、E、D、C。

左食指：4、5、R、T、F、G、V、B。

左、右拇指：空白键。

右食指：6、7、Y、U、H、J、N、M。

右中指：8、I、K、,。

右无名指：9、O、L、.。

右小指：0、-、=、P、[、]、;、'、/、\。

A、S、D、F、J、K、L、；八个按键称为"导位键"，可以帮助用户经由触觉取代眼睛，用来定位操作者的手或键盘上其他的键，也即所有的键都能经由导位键来定位。

Enter 键在键盘的右边，使用右手小指按键。

有些键具有两个字母或符号，如数字键常用来键入数字及其他特殊符号，用右手输入特殊符号时，左手小指按住 Shift 键；若以左手输入特殊符号，则用右手小指按住 Shift 键。

4．英文录入练习。

（1）基本指法练习。

基本指法练习：ASDFJKL

基本指法练习：GH

基本指法练习：EI

基本指法练习：RTYU

基本指法练习：QWOP

基本指法练习：VBNM

基本指法练习：CX

（2）标点符号、大小写字母转换练习。

① 标点符号输入练习。

② 大小写字母转换练习。

（3）英文盲打练习。

① 使用"金山打字通"软件练习，先练习"英文初学者"。

② "英文初学者"达到一定速度后，再进行"英文中级练习"。

（4）对照以下文章，应用打字软件快速完成文章录入。

The fifth largest city in US passed a significant soda tax proposal that will levy1.5 cents per liquid ounce on distributors.

Philadelphia's new measure was approved by a 13 to 4 city council vote. It sets a new bar for similar initiatives across the country. It is proof that taxes on sugary drinks can Win substantial support outside super-liberal areas. Until now, the only city to successfully pass and implement a soda tax was Berkeley, California, in 2014.

The tax will apply to regular and diet sodas, as well as other drinks with adder sugar, such as Gatorade and iced teas. It's expected to raise $410 million over the next five years, most of which will go toward funding a universal pre-kindergarten program for the city.

While the city council vote was met with applause inside the council room, opponents to the measure, including soda lobbyists, made sharp criticisms and a promise to challenge the tax in court.

"The tax passed today unfairly singles out beverages—including low—and no-calorie choices," said Lauren Kane, spokeswoman for the American Beverage Association. "But most importantly, it is against the law. So we will side with the majority of the people of Philadelphia who oppose this tax and take legal action to stop it."

An industry-backed anti-tax campaign has spent at least $4 million on advertisements. The ads criticized the measure, characterizing it as a "grocery tax".

Public health groups applauded the approved tax as step toward fixing certain lasting health issues that plague Americans. "The move to recapture a small part of the profits from an industry that pushed a product that contributes to diabetes, obesity and heart disease in poorer communities in order to reinvest in those communities will sure be inspirational to many other places," said Jim Krieger, executive director of Healthy Food America. "indeed, we are already hearing from some of them. It's not 'just Berkeley' anymore."

Similar measures in California's Albany, Oakland, San Francisco and Colorado's Boulder are becoming hot-button issues. Health advocacy groups have hinted that even more might be coming.

5. 中文汉字录入练习。

使用正确的坐姿和指法，在教师的指导下，打开 Word 文档，在 15 分钟内录入以下内容。录入文本前，熟悉使用快捷键 Ctrl+Shift 和快捷键 Ctrl+空格进行中英文输入法的切换。

袁隆平，男，1930年9月出生于北京，1953年毕业于西南农学院农学系。毕业后，一直从事农业教育及杂交水稻研究。

1980—1981年赴美任国际水稻研究所技术指导。1982年任全国杂交水稻专家顾问组副组长。1991年受聘联合国粮农组织国际首席顾问。1995年被选为中国工程院院士。1971年至今任湖南农业科学院研究员，并任湖南省政协副主席、全国政协常委、国家杂交水稻工程技术研究中心主任。

袁隆平院士是世界著名的杂交水稻专家，是我国杂交水稻研究领域的开创者和带头人，为我国粮食生产和农业科学的发展做出了杰出贡献。他的主要成就表现在杂交水稻的研究、应用与推广方面。

20世纪70年代初，袁隆平利用助手发现的天然雄性不育的"野败"作为杂交水稻的不育材料并发表了水稻杂种优势利用的观点，打破了世界性的自花授粉作物育种的禁区。70年代中期，以他为首的科技攻关组完成了三系配套并培育成功杂交水稻，实现了杂交水稻的历史性突破。现我国杂交水稻的各个优良品种已占全国水稻种植面积的50%，平均增产20%。此后，他又提出"两系法亚种间杂种优势利用"的发展概念，国家"863"计划据此将两系法列为重要项目，经项目组科技人员6年的刻苦研究，已掌握两系法技术，并推广种植，现占水稻面积的10%，效果良好。

1997年，他在国际"超级稻"的概念基础上，提出了"杂交水稻超高产育种"的技术路线,在试验田取得良好效果,亩产近 800 千克,且米质类粳稻,引起国际上的高度重视。为进一步解决大面积、大幅度提高水稻产量难题奠定了基础。

在全国农业科技工作者的共同努力下,1976 年至 1999 年累计推广种植杂交水稻 35 亿多亩,增产稻谷 3 500 亿千克。近年来,全国杂交水稻年种植面积 2.3 亿亩左右,约占水稻总面积的 50%,产量占稻谷总产的近 60%,年增稻谷可养活 6 000 万人口,社会和经济效益十分显著。

袁隆平院士热爱祖国、品德高尚,他的成就和贡献,在国内外产生了强烈反响。杂交水稻的研究成果获得我国迄今为止唯一的发明特等奖。并先后荣获联合国教科文组织、粮农组织等多项国际奖励。

6. 综合练习。

选择适合自己的输入法,运用正确的坐姿和指法,打开 Word 文档,对照以下文本内容,快速完成混合中英文的录入:

Tips on Travelling to China the First Time

一、第一次到中国旅游,应当先去哪些地方?

1. Which cities are preferable for tourists to visit on their first trip to China?

答:这首先要看您能安排多少时间。一般地说,第一次到中国应当先到北京、上海、西安等地。

What you see depends how long you can stay in China. Generally speaking, tourists should first visit cities like Beijing, Shanghai and Xi'an.

北京是中国的政治、文化中心。在这里您可以游览万里长城中的一段——八达岭;明、清两代皇室居住的地方——故宫;清朝御花园——颐和园和北海,还可品尝到正宗的北京烤鸭、涮羊肉。

Beijing is a political and cultural center that offers some scenic attractions; Badaling which is a part of the spectacular Great Wall; Gugong(Imperial Palace)where emperors of the Ming and Qing dynasties lived; Yiheyuan(Summer Palace)which is an imperial garden of the Qingdynasty; and Beihai, also an imperial garden used by successive emperors in the Yuan, the Ming and the Qing dynasties. There is more to Beijing than buildings; Foods such as authentic Beijing roast duck and instant boiled mutton have proved popular with tourists as well.

上海是中国最大城市,在这里选购物品最合适,上海品种繁多的小吃、糕点和手工艺品、纺织品,会使您感到满意。离上海仅有几小时路程的苏州和杭州,是中国园林艺术的代表,被人称为"天堂"。

Shanghai, a shopping center for best buys, is the largest city in China. Tourists will be satisfied with what the city supplies, from various snacks and cakes to handicrafts and textiles. Neighboring Suzhou and Hangzhou, only a couple of hours away from Shanghai by train, are two garden cities, each considered by Chinese to be "paradise on earth".

西安是古丝绸之路的起点,也是中国历史上建都最多的城市之一。新发掘的秦兵马俑被称为"世界第八大奇迹"。

Xi'an, the starting point of the ancient Silk Road, was capital intermittently for many dynasties in the Chinese history. The life size terra cotta soldiers and horses of the Qin dynasty(221-206B.c.), unearthed recently, are praised as "the Eighth Wonder of the World".

　　大雁塔、鼓楼是唐代留下来的建筑；您可以到杨贵妃洗澡的华清池去洗温泉澡。在西安还可以欣赏到仿唐音乐和歌舞，品尝唐菜。

　　Other interesting sites in the vicinity are Dayan Ta（Great Wild Goose Pagoda）and Gu Lou（Drum Tower），both erected in the Tang dynasty; and the Huaqing Hot Springs where visitors may bathe in the warm mineral water. This site used to be the private baths for Yang Guifei, favorite concubine of the Tang emperor. In addition, tours will enjoy the pleasing Tang music and dance, as well as the duplication of fancy Tang dishes available there.

项目 2
认识 Windows 10 操作系统

实训 2.1　Windows 10 系统设置

实训目的

掌握"显示"属性的设置方法。
掌握屏幕保护程序的设置方法。
掌握桌面背景的设置方法。
掌握时间与日期的设置方法。

实训内容

1. 设置屏幕分辨率为 1 280×768 像素。
2. 设置屏幕保护程序为"3D"文字,等待时间为 6 分钟。
3. 将桌面背景图案设置为计算机内置图片。
4. 将系统时间设置为 2021 年 9 月 1 日 14 点 50 分钟。

实训步骤

1. 打开显示属性并设置。
(1) 在桌面空白处单击鼠标右键,在弹出的快捷菜单中选择"显示设置"选项,如图 2-1-1 所示。或者用鼠标左键单击系统"开始"桌面菜单,在弹出的列表中单击"设置"选项,在"Windows 设置"界面中单击"系统"选项,如图 2-1-2 所示。
(2) 在弹出的"设置"界面中单击"显示"选项,在右侧"显示分辨率"下拉列表中选择"1 280×768"选项,在弹出的信息通知框中单击"保留更改"按钮,完成设置,如图 2-1-3 所示。
2. 设置屏幕程序保护。
(1) 用鼠标左键单击系统"开始"桌面菜单,在弹出的列表中单击"设置"选项。
(2) 在弹出的"Windows 设置"界面中,单击"个性化"选项,如图 2-1-4 所示。

图 2-1-1　桌面菜单栏

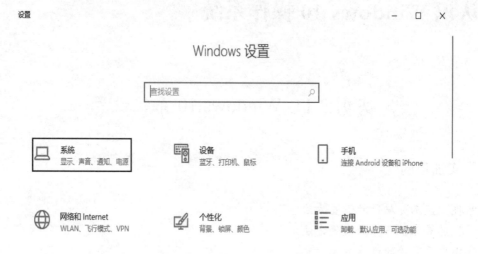

图 2-1-2 "Windows 设置"界面

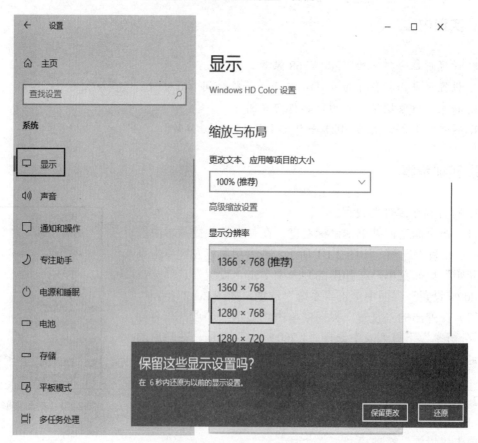

图 2-1-3 屏幕分辨率设置

项目 2　认识 Windows 10 操作系统

图 2-1-4　"Windows 设置"界面

（3）单击"个性化"选项后，进入"个性化"设置对话框，单击左侧的"锁屏界面"选项，如图 2-1-5 所示。

图 2-1-5　锁屏界面设置

（4）把鼠标定位在锁屏界面，滑动鼠标滚轮或者拖动右侧的滚动条，单击界面底端右侧的"屏幕保护程序设置"选项，弹出"屏幕保护程序设置"对话框，进行相应设置，单击"确定"按钮，如图 2-1-6 所示。

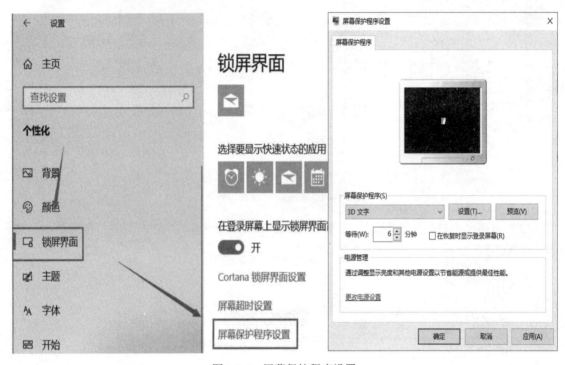

图 2-1-6　屏幕保护程序设置

3. 设置桌面背景图案。

（1）在 Windows 10 桌面空白处单击鼠标右键，在弹出的菜单中单击"个性化"选项，如图 2-1-7 所示。

（2）单击"个性化"选项后，在弹出的"设置"界面中单击"背景"选项，如图 2-1-8 所示。

（3）在"设置/背景"界面中，单击右侧"背景"选项下方的下拉按钮，在列表中单击"纯色"选项，然后在"选择你的背景色"下单击想要设置的颜色，完成桌面背景纯色设置；或者单击"选择图片"选项下方的系统图片；也可以单击"选择图片"下的"浏览"按钮，将桌面设置为计算机中的所选图片，如图 2-1-9 所示。

图 2-1-7　个性化设置菜单栏

4. 设置时间和日期。

（1）在"Windows 设置"界面中单击"时间和语言"选项，如图 2-1-10 所示。

项目 2　认识 Windows 10 操作系统

图 2-1-8　背景设置

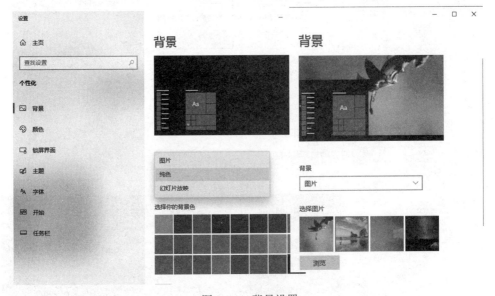

图 2-1-9　背景设置

（2）在弹出的"设置"界面中单击"日期和时间"选项，在界面的右侧，将"自动设置时间"设置为关闭，单击"手动设置日期和时间"下方的"更改"按钮，如图 2-1-11 所示。

（3）在"更改日期和时间"对话框中进行日期和时间的设置，设置完成后单击"更改"按钮，如图 2-1-12 所示。

图 2-1-10　Windows 设置

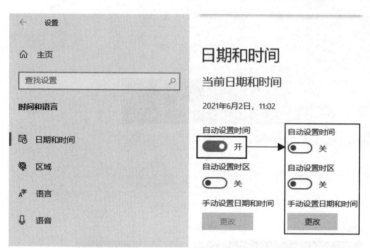

图 2-1-11　日期和时间设置

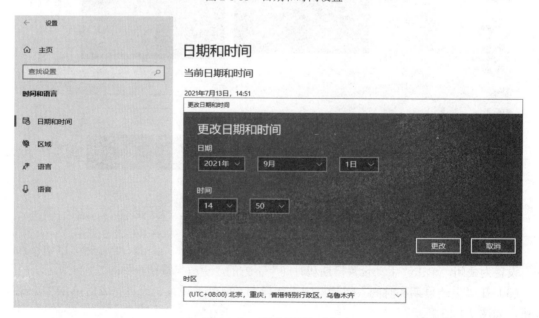

图 2-1-12　更改日期和时间

项目 2　认识 Windows 10 操作系统

实训 2.2　Windows 10 系统的高效工作模式设置

实训目的

掌握 Windows 10 系统高效工作模式的设置。

实训内容

1. 护眼模式设置。
2. 时间线功能设置。
3. 专注助手设置。
4. 文件夹快速访问功能设置。
5. 磁盘碎片整理。

实训步骤

1. 护眼模式设置。

Windows 10 操作系统中增加了"夜间模式"，开启后，可以像手机一样减少蓝光，特别是在晚上或者光线特别暗的环境下，可以在一定程度上减少用眼疲劳。

步骤 1：单击屏幕右下角的"通知"图标，弹出通知栏。

步骤 2：在通知栏中，单击"夜间模式"按钮，则电脑屏幕亮度变暗，颜色偏黄，如图 2-2-1 所示。

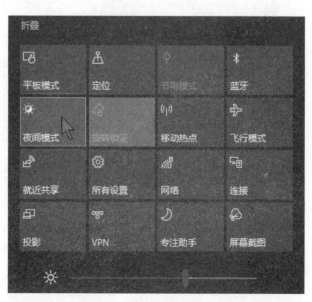

图 2-2-1　通知栏

步骤 3：右击桌面空白处，选择"显示设置"选项卡，打开"设置/显示"面板，单击"夜间模式设置"，如图 2-2-2 所示。

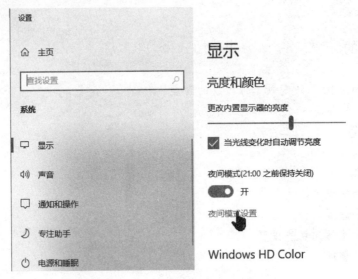

图 2-2-2　"设置/显示"对话框

步骤 4：在弹出的"夜间模式设置"界面中拖曳"强度"滑块，可以调节显示器亮度。

步骤 5：开启夜间模式，同时可以选择"日落到日出 19:56—6:06"或"设置小时"，图 2-2-3 所示。

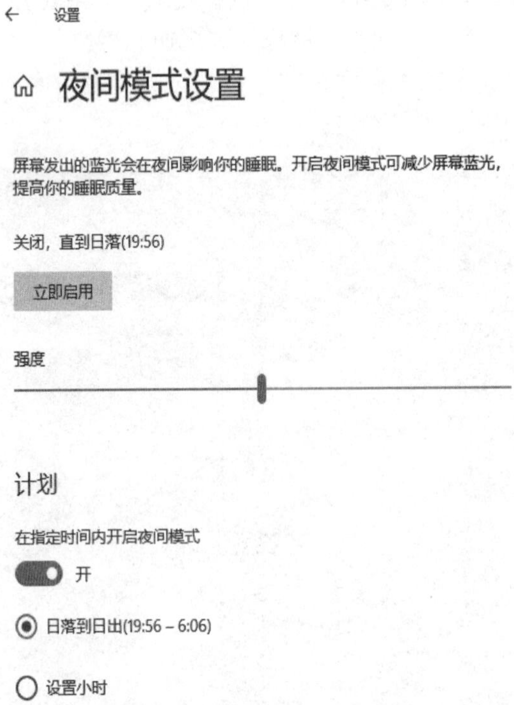

图 2-2-3　"夜间模式设置"对话框

2. 时间线功能设置。

开启时间线功能后，可以跟踪用户在 Windows 10 上所做的事情，例如访问的文件、应用程序、浏览器等。

一般情况下，时间线给用户提供了寻找工作轨迹的便利。如果活动情况不想被记录，可以关闭时间线功能，保护隐私。

步骤 1：查看时间线。单击任务栏中的"任务视图"按钮，即可快速打开任务视图，其中记录了用户近一个月的活动轨迹，如图 2-2-4 所示。

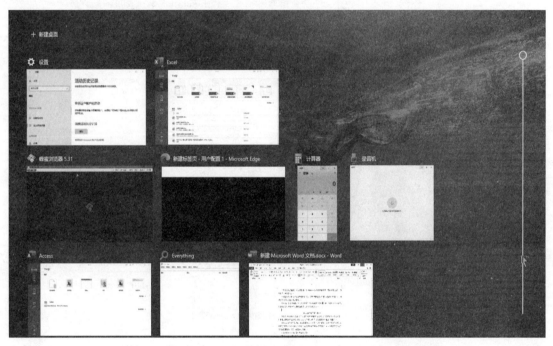

图 2-2-4 "时间线"窗口

步骤 2：删除部分"活动卡片"。用户可以通过单击"活动卡片"，跳转到当日的活动中。如果有些活动是个人隐私，则可以右击"活动卡片"，在快捷菜单中选择"删除"。

步骤 3：关闭时间线功能。按快捷键 Win+I 打开"设置"面板，选择"隐私"选项，在弹出的"设置/隐私"面板中选择"活动历史记录"选项，在右侧取消勾选"在此设备上储存我的活动历史记录"，如图 2-2-5 所示。

3. 专注助手设置。

Windows 10 中的"专注助手"功能类似于手机中的免打扰模式，该模式启动后，禁止所有通知，如系统和应用消息、邮件通知、社交信息等；当关闭模式后，禁止的通知会重新展示。

步骤 1：按快捷键 Win+I 打开"设置"面板，单击"系统"选项。

步骤 2：单击"专注助手"选项，右侧窗口中有"关""仅优先通知""仅限闹钟"3 种模式，用户根据需要自行选择。

步骤 3：在"自动规则"选项下，设置在何种情况下自动开启"专注助手"，如图 2-2-6 所示。

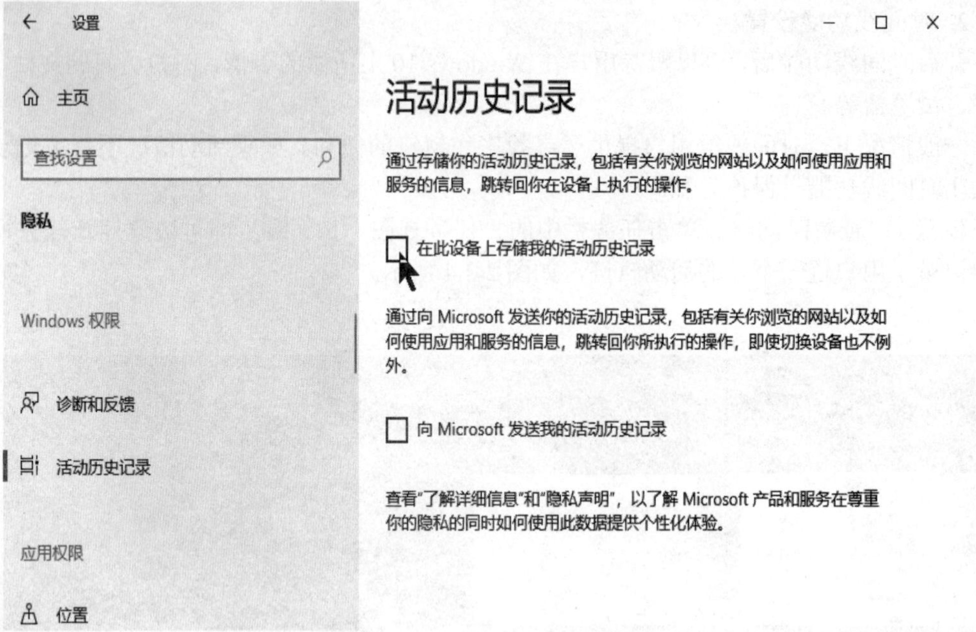

图 2-2-5 “设置/活动历史记录”对话框

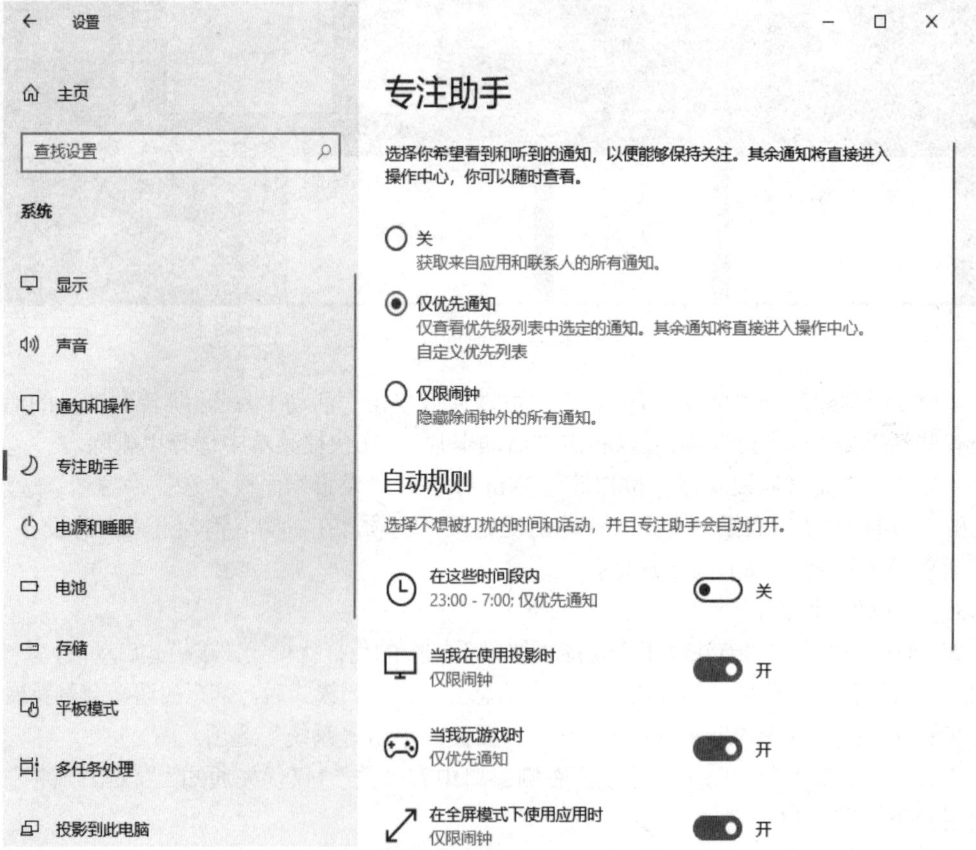

图 2-2-6 “设置/专注助手”对话框

4. 文件夹快速访问功能设置。

Windows 10 系统快速访问可以方便用户快捷打开自己需要的文档。

具体方法如下：

（1）添加到快速访问位置。

单击计算机或使用快捷键 Win+E 打开文件资源管理器，选中需要添加到快速访问位置的文件夹，在窗口"主页"选项卡里面单击"固定到'快速访问'"，如图 2-2-7 所示。也可以选中需要添加到快速访问位置的文件夹，右击，选择"固定到'快速访问'"选项。

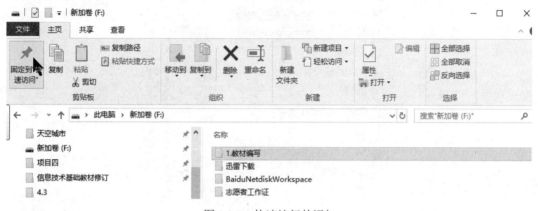

图 2-2-7　快速访问的添加

（2）取消快速访问固定。

在资源管理器窗口的左侧位置，选中需要取消固定的文件夹，右击，选择"从'快速访问'取消固定"，如图 2-2-8 所示。当然，也可以打开快速访问的文件夹，在右侧窗口中右击要取消的文件夹，在列表里面选择"从'快速访问'取消固定"选项。

图 2-2-8　快速访问的取消

(3) 折叠和展开快速访问。

如果快速访问的文件太多，容易影响对左侧文件项目的浏览，可以右击"快速访问"，选择"折叠"选项或者单击左侧的折叠符号⌄，如图 2-2-9 所示。如果要展开快速访问，则选择"展开"选项或者是单击左侧的展开符号›。

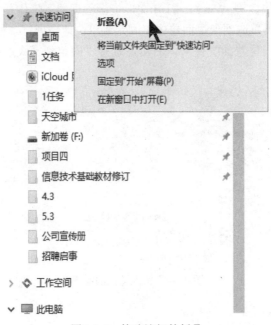

图 2-2-9 快速访问的折叠

(4) 取消快速访问的显示。

打开文件资源管理器，直接显示的就是快速访问文件列表，如果不想这样的话，可以右击"快速访问"，在右键菜单中选择"选项"选项，然后在"文件夹选项"对话框里面，在"打开文件资源管理器时打开："右侧的下拉菜单中选择"此电脑"即可，如图 2-2-10 所示。

(5) 删除快速访问记录。

如果需要隐藏这些记录，删除并不能解决问题，要在图 2-2-10 所示的"文件夹选项"对话框里面的"隐私"选项部分，去掉所有复选框里面的对勾，单击"清除"按钮，将之前的记录全部删除，再单击"确定"按钮，最后单击"应用"按钮就可以了。

5. 磁盘碎片的整理。

磁盘碎片整理实际上指合并硬盘或存储设备上的碎片数据。此操作有助于计算机更高效地运行。

步骤 1：打开"此电脑"窗口，选择需要整理的分区，单击右键，选择"属性"命令。

步骤 2：弹出"属性"对话框，选择"工具"选项卡，单击"优化"按钮，如图 2-2-11 所示。

步骤 3：在"优化驱动器"窗口中选择磁盘对象进行优化，如图 2-2-12 所示。

步骤 4：除了手动整理磁盘碎片外，用户可以调整自动整理碎片的频率，单击"更改设置"按钮进行设置。

项目 2　认识 Windows 10 操作系统

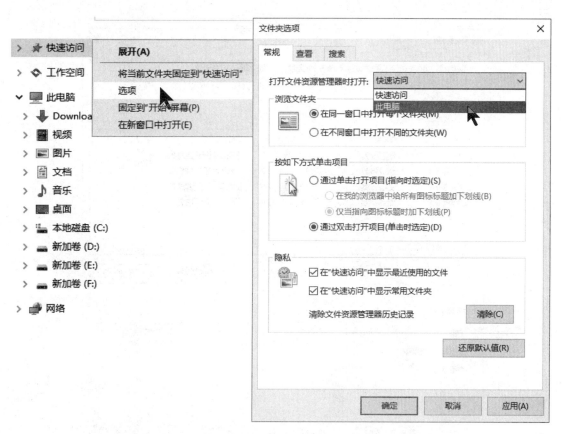

图 2-2-10　取消快速访问的显示

图 2-2-11　"属性"对话框

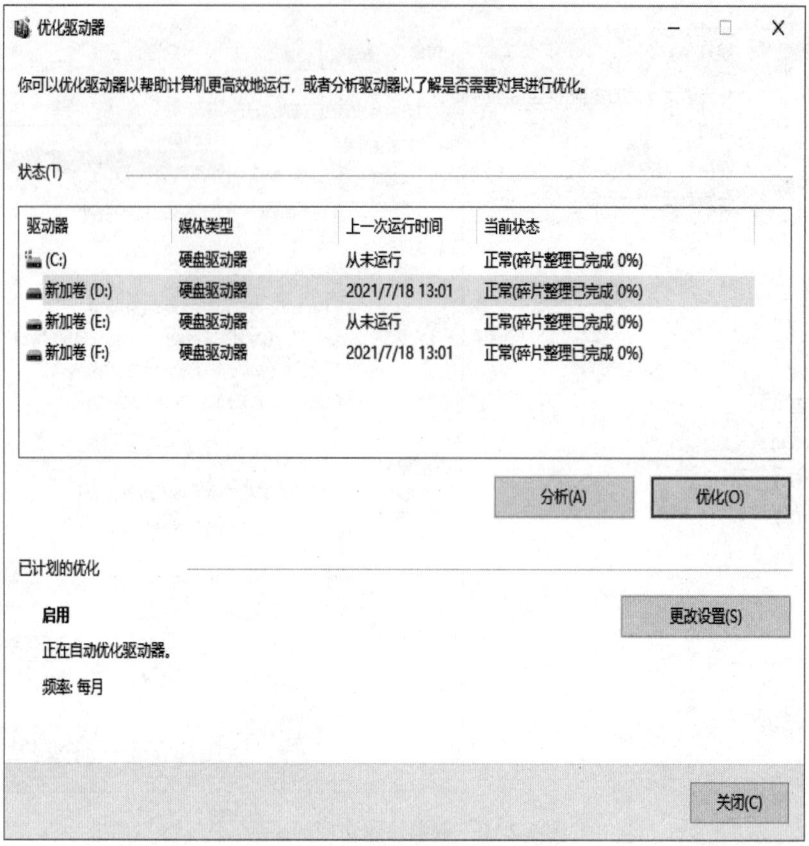

图 2-2-12 "优化驱动器"对话框

实训 2.3　Windows 10 操作系统的文件管理

 实训目的

了解常见文件类型及其扩展名。
掌握文件（夹）的创建方法。
掌握文件（夹）的搜索方法。
掌握文件（夹）的复制、移动的方法。
掌握文件（夹）的删除方法。

 实训内容

1. 在 C 盘创建"图片"和"音乐"两个文件夹。

2. 在"音乐"文件(夹)中新建"音乐1""音乐2"文件夹。

3. 在"音乐"文件夹中创建 Word 文档,命名为"歌词"。

4. 在"C:\Windows"文件夹中查找扩展名为".jpg"的文件,并将它们全部复制到"图片"文件夹中。

5. 删除"音乐1""音乐2"文件夹和"歌词.doc"。

6. 恢复删除的"歌词.doc"文件。

7. 彻底删除"音乐2"文件夹。

 实训步骤

1. 新建文件(夹)。

(1)双击"此电脑",双击 C 盘,右击窗口空白处,单击"新建"选项→"文件夹",如图 2-3-1 所示,命名为"图片"。

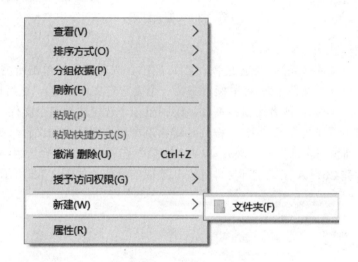

图 2-3-1　新建文件夹

(2)双击"此电脑",双击"C 盘",右击窗口空白处,单击"新建"选项→"文件夹",命名为"音乐"。

(3)双击"音乐"打开文件夹,使用上述方法建立"音乐1"和"音乐2"两个文件夹。

(4)双击进入"音乐"文件夹,单击右键,在弹出的菜单中选择"新建"→"Microsoft Word 文档",直接命名为"歌词";或者右击该 Word 文档图标,在弹出的快捷菜单中选择"重命名"命令,重命名该文档,修改文件名时,注意不能破坏原文件类型。

2. 搜索文件。

双击"此电脑",双击"C 盘",双击"Windows"文件夹,在"搜索"框中输入".jpg",搜索结果如图 2-3-2 所示。

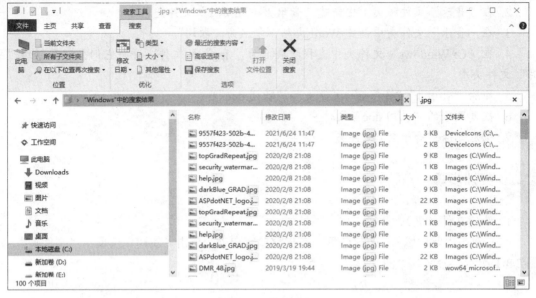

图 2-3-2　搜索结果

3. 选取文件（夹）。

（1）选取单个文件（夹）：要选定单个文件（夹），只需用鼠标单击所需的对象即可。

（2）选取多个连续文件（夹）：鼠标单击第一个要选定文件（夹），然后按住 Shift 键，再单击最后一个文件（夹）；或者用鼠标拖动，绘制出一个选区选中多个文件（夹）。

（3）选取多个不连续文件（夹）：按 Ctrl 键再逐个单击要选中的文件（夹）。

（4）选取当前窗口全部文件（夹）：单击"主页"选项卡→"选择"组→"全部选中"按钮；或使用快捷键 Ctrl+A 完成全部文件（夹）选取的操作，如图 2-3-3 所示。

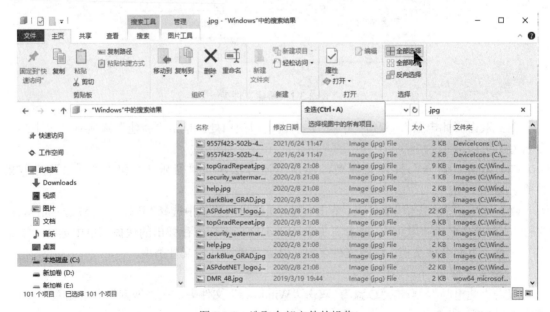

图 2-3-3　选取全部文件的操作

4. 复制、移动文件（夹）。

（1）复制文件（夹）：复制文件（夹）的操作由"复制"和"粘贴"两个步骤构成。

方法 1：选定要复制的文件（夹），鼠标右击，选择"复制"命令，然后鼠标右击目标文件（夹），选择"粘贴"命令或使用快捷键 Ctrl+V。

方法 2：单击"主页"选项卡→"剪切板"组→"复制"按钮，再进行粘贴操作。

方法 3：使用鼠标实现文件（夹）复制，若在同一磁盘中复制，则选中对象，按住 Ctrl 键，再拖动选定的对象到目标地；若在不同磁盘中复制，拖动选定的对象到目标地。

（2）移动文件（夹）：移动文件（夹）的操作由"剪切"和"粘贴"两个步骤构成。

方法 1：选定文件（夹），单击"主页"选项卡→"剪切板"组→"剪切"按钮，然后双击目标文件（夹），单击单击"主页"选项卡→"剪切板"组→"粘贴"按钮。

方法 2：选定文件（夹），按快捷键 Ctrl+X，然后选定文件夹，按快捷键 Ctrl+V。

方法 3：使用鼠标实现文件（夹）移动。对于同一磁盘中的文件（夹）移动，直接拖动选定的对象到目标地即可；对于不同磁盘中的移动，选中对象，按 Shift 键，再拖动到目标地。

5. 删除文件（夹）。

（1）删除文件到"回收站"。单击文件"歌词.doc"，然后单击鼠标右键，在右键菜单中选择"删除"命令。或者单击选中"歌词.doc"文件，直接按键盘上的 Delete 键删除，在弹出的"确认文件删除"对话框中单击"是"按钮完成删除。

（2）用同样的方法选中"音乐 1"和"音乐 2"文件（夹），删除文件（夹）。在弹出的"确认文件（夹）删除"对话框中单击"是"按钮，即在原位置把文件（夹）"音乐 1"和"音乐 2"删除并放入回收站。

（3）删除文件（夹）也可以利用任务窗格和拖曳法来进行。

6. 恢复被删除的文件。

（1）打开"回收站"。在桌面上双击"回收站"图标，打开"回收站"窗口。

（2）还原被删除文件。在"回收站"窗口中选中要恢复的"歌词.doc"文件，单击"回收站工具"选项卡→"还原"组→"还原选定的项目"按钮，还原选定文件。或者选定需要恢复的文件（夹），单击鼠标右键，在右键菜单中选择"还原"命令。

7. 彻底删除。

在"回收站"中选中"音乐 2"文件（夹），单击鼠标右键，在右键菜单中选择"删除"即可。若要删除回收站中所有的文件（夹），则选择"清空回收站"。

文件（夹）彻底删除的快捷操作方法是选定需要彻底删除的文件，同时按快捷键 Shift+Delete 即可。

项目 3
文字处理软件——Word 2016

实训 3.1　文档排版——编辑招聘启事

实训目的

掌握字体格式的设置。
掌握段落格式的设置。
掌握项目符号和编号的设置。
掌握边框和底纹的设置。
掌握保护文档的设置。

实训内容

1. 打开文档。
打开"招聘启事.docx"文档。
2. 设置字体格式。
设置标题格式为"华纹琥珀、二号",标题以外的文本设置为"宋体,四号"。设置文本"招岗位""应聘方式"的格式为"加粗"。设置文本"销售总监1人""销售助理5人"格式为"深红字体,加粗下划线"。将标题文本设置为"缩放120%,加宽1.5磅"。
3. 设置段落格式。
设置标题为"居中对齐",最后三行文本为"右对齐"。正文首行缩进为"两字符"。设置标题段前和段后间距为"1行"。设置"招聘岗位""应聘方式"行间距为"多倍行距:3"。
4. 设置项目符号和编号。
为"招聘岗位"和"应聘方式"文本统一设置项目符号为"☆"。为"岗位职责:"和"职位要求:"后面的段落文本内容添加"1.2.3…"样式编号。
5. 设置边框与底纹。
为邮寄地址和电子邮件地址设置字符边框和底纹。为标题文本设置深红色底纹。为"岗位职责:"下面的段落使用"方框"边框样式,边框样式为"双线"样式,并设置底纹为"白色,背景1,深色15%"。
6. 保护文档。
为文档加密,密码为"123456"。

项目 3　文字处理软件——Word 2016

文档最终效果如图 3-1-1 所示。

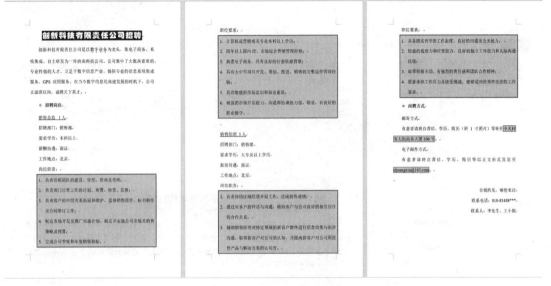

图 3-1-1　招聘启事效果图

　实训步骤

1. 打开文档。

打开文档所在文件夹，双击"招聘启事.docx"文档，或者单击右键，在弹出的菜单栏里单击"打开"选项，即可打开文档。

2. 设置字体格式。

（1）使用选项卡功能区设置字体格式。

设置标题文本格式为"华纹琥珀、二号"，标题以外的文本设置为"四号"。

方法 1：选中标题文本，单击"开始"选项卡→"字体"组→"字体"按钮→"华文琥珀"选项，在"字号"按钮的下拉列表中选择"二号"选项，如图 3-1-2 所示。用同样的方法设置其他文本字号。

方法 2：选中标题文本，在弹出的浮动工具栏中的"字体"和"字号"中分别选择"华文琥珀"和"二号"选项，如图 3-1-3 所示。用同样的方法设置其他文本字号。

（2）使用"字体"组相应命令设置字体格式。

① 设置文本"招聘岗位""应聘方式"的格式为"加粗"。

按住 Ctrl 键，选择"招聘岗位"和"应聘方式"文本，单击"开始"选项卡→"字体"组→"加粗"按钮，如图 3-1-4 所示。

② 设置文本"销售总监 1 人""销售助理 5 人"格式为"深红字体，加粗下划线"。

步骤 1：按住 Ctrl 键，选择"销售总监 1 人"和"销售助理 5 人"文本，单击"开始"选项卡→"字体"组→"字体颜色"右侧的下拉按钮，选择"深红"颜色选项，如图 3-1-5 所示。

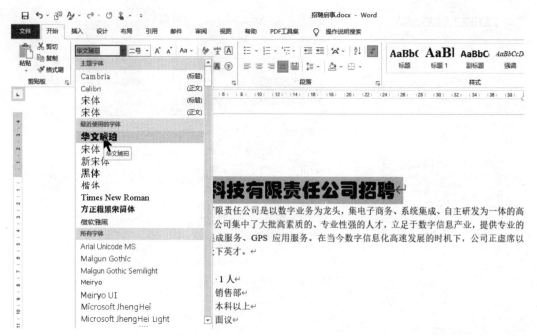

图 3-1-2　利用选项卡功能区设置字体格式

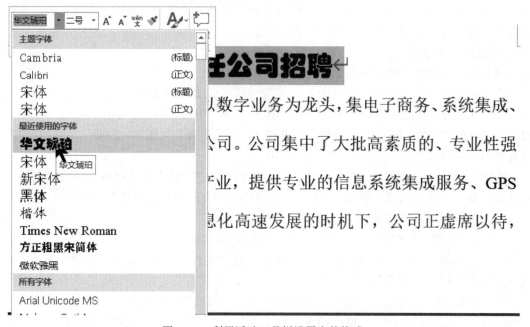

图 3-1-3　利用浮动工具栏设置字体格式

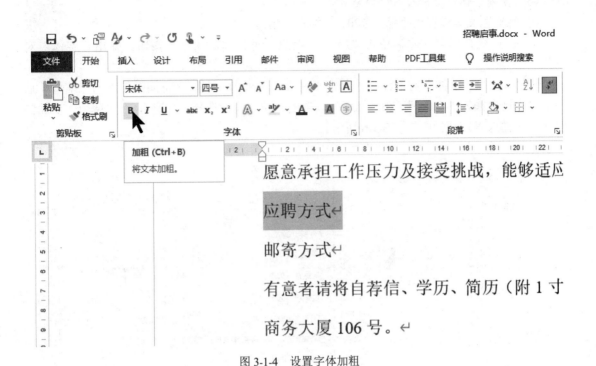

图 3-1-4 设置字体加粗

步骤 2：单击"开始"选项卡→"字体"组→"下划线"的下拉按钮，在列表中选择"粗线"选项，如图 3-1-5 所示。

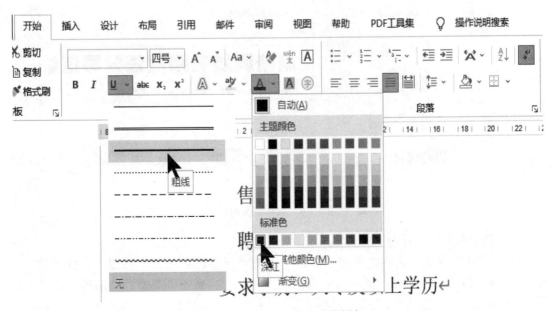

图 3-1-5 设置下划线和字体颜色

（3）使用字体对话框设置字体格式。

① 将标题文本设置为"缩放120%，加宽1磅"。

步骤1：选择标题文本，单击"字体"组的"对话框启动器"按钮，弹出"字体"对话框。

步骤2：在"字体"对话框中，单击"高级"选项卡，在"字符间距"下的"缩放"后面的输入框中输入"120%"，在"间距"选项的下拉列表中选择"加宽"，在"磅值"后面的输入框中输入"1.5磅"，如图3-1-6所示。

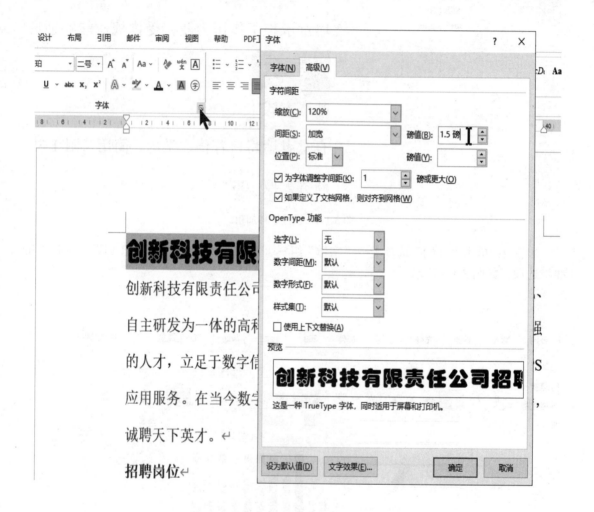

图3-1-6 设置字符间距

② "数字业务"设置为"着重"号。

选择"数字业务"文本，单击"字体"组的"对话框启动器"按钮，在弹出的"字体"对话框中，单击"字体"选项卡，在"着重号"下拉列表中选择"."选项，如图3-1-7所示。

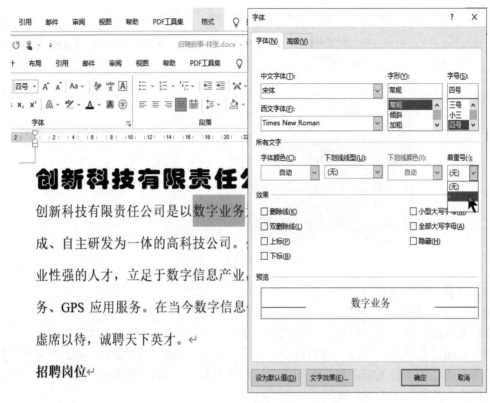

图 3-1-7　设置着重号

3. 设置段落格式

（1）设置段落对齐方式。

步骤 1：选择标题文本，单击"开始"选项卡→"段落"组→"居中"按钮，如图 3-1-8 所示。

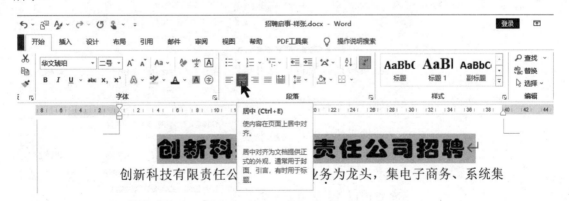

图 3-1-8　设置居中对齐

步骤 2：选择文档的最后三行文本，单击"开始"选项卡→"段落"组→"右对齐"按钮，如图 3-1-9 所示。

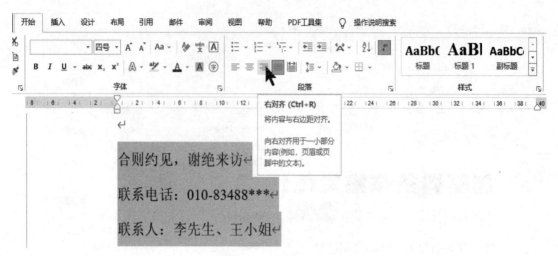

图 3-1-9　设置右对齐

（2）设置段落缩进。

① 正文首行缩进"两字符"。

选择除标题和最后三行以外的文本内容，单击"开始"选项卡→"段落"组的"对话框启动器"按钮，在弹出"段落"对话框中，单击"缩进和间距"选项卡，单击"缩进"组中的"特殊"选项的下拉按钮，在下拉列表中选择"首行"选项，"缩进值"默认"2 字符"，单击"确定"按钮，如图 3-1-10 所示。

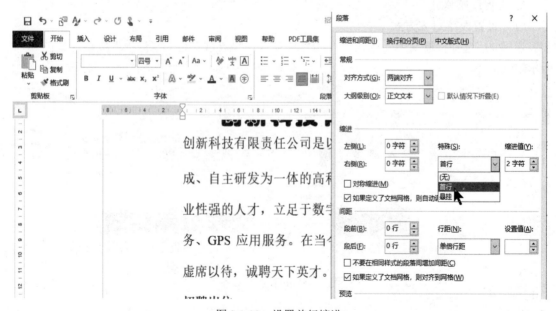

图 3-1-10　设置首行缩进

② 设置标题"间距"为段前、段后各"1 行"。

选择标题文本,单击"开始"选项卡→"段落"组的"对话框启动器"按钮,在弹出的"段落"对话框中单击"缩进和间距"选项卡,在"间距"组下的"段前"和"段后"的输入框中分别输入"1 行",单击"确定"按钮,完成设置,如图 3-1-11 所示。

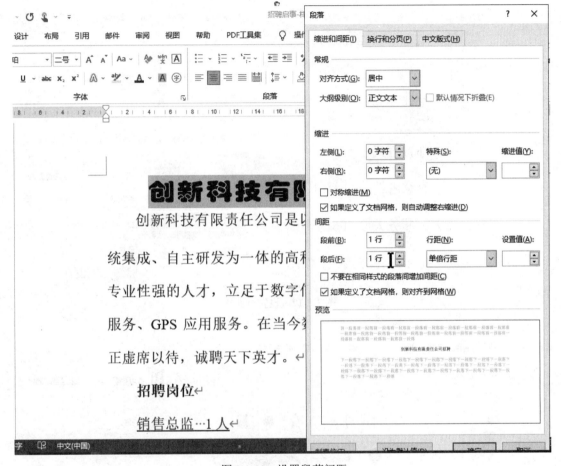

图 3-1-11 设置段落间距

③ 设置"招聘岗位""应聘方式"行间距为"多倍行距:3"。

按住 Ctrl 键,选择"招聘岗位"和"应聘方式"文本,单击"开始"选项卡→"段落"组的"对话框启动器"按钮,在弹出"段落"对话框中,单击"缩进和间距"选项卡,在"间距"组下的"行距"选项卡中选择"多倍行距",并在"设置值"的输入框内输入"3",单击"确定"按钮,如图 3-1-12 所示。

4. 设置项目符号和编号。

① 设置项目符号。

为"招聘岗位""应聘方式"设置统一的项目符号"◆"。

选择"招聘岗位"和"应聘方式"文本,单击"开始"选项卡→"段落"组→"项目符号"选项的下拉按钮,在列表中单击选择"项目符号库"组中的"◆"符号,如图 3-1-13 所示。

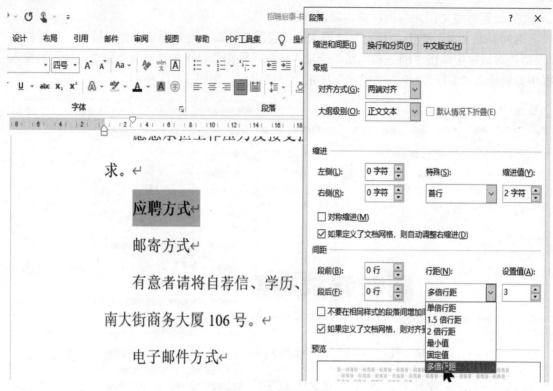

图 3-1-12　设置行距

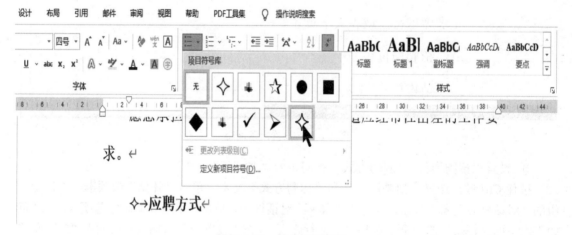

图 3-1-13　设置项目符号

② 设置项目编号。

为"招聘岗位"和"应聘方式"文本统一设置项目符号为"☆"。为"岗位职责:"和"职位要求:"后面的段落文本内容添加"1.2.3.…"样式编号。

步骤1：选择"岗位职责:"和"职位要求:"之间的文本内容，单击"开始"选项卡→"段落"组→"编号"按钮，然后选择编号库中的"1.2.3.…"样式编号，如图 3-1-14 所示。

项目 3　文字处理软件——Word 2016

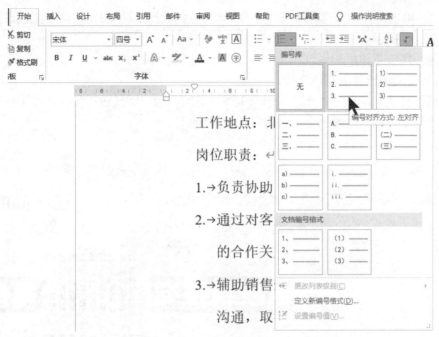

图 3-1-14　设置编号

步骤 2：重复上述操作，完成文档其余段落文本的编号设置。

5. 设置边框。

（1）为邮寄地址和电子邮件地址设置字符边框和底纹。

步骤 1：选中"中关村南大街商务大厦 106 号"和"chuangxin@163.com"文本，单击"开始"选项卡→"字体"组→"字符边框"按钮，如图 3-1-15 所示。

图 3-1-15　设置字符边框和底纹

- 43 -

步骤2：单击"开始"选项卡→"字体"组→"字符底纹"按钮，即可完成设置字符底纹，如图3-1-15所示。

（2）为段落设置边框和底纹。

① 为标题文本设置深红色底纹。

选择标题行文本，单击"开始"选项卡→"段落"组→"底纹"按钮，在下拉列表中选择"标准色"下"深红"颜色选项，如图3-1-16所示。

图3-1-16　设置文字底纹

② 为"岗位职责："和"职位要求："下面的段落设置"方框"边框样式，边框样式为"双线"样式，并设置底纹为"白色，背景1，深色15%"。

步骤1：选择第一个"职位要求："与"职位要求："文本之间的段落，单击"开始"选项卡→"段落"组→"边框"命令的下拉按钮，在列表中选择"边框与底纹"选项，弹出"边框和底纹"对话框。

步骤2：单击"边框和底纹"对话框中的"边框"选项卡，选择"设置"组中的"方框"选项，在右侧"样式"列表框中选择"双实线"选项。

步骤3：单击"边框和底纹"对话框中的"底纹"选项卡，单击"填充"下拉按钮，选择下拉列表框中的"白色，背景1，深色15%"选项，单击"确定"按钮，如图3-1-17所示。

步骤4：用相同的方法为其他段落设置边框与底纹样式。

6. 保护文档。

为文档加密，密码为"123456"。

步骤1：单击"文件"菜单，选择"信息"命令选项，单击"保护文档"按钮，在下拉列表中选择"用密码进行加密"选项，弹出"加密文档"对话框。

步骤2：在"加密文档"对话框中，在密码输入框中输入密码"123456"，单击"确定"按钮，弹出"确认密码"对话框，再次输入密码，再次单击"确定"按钮，如图3-1-18所示。

步骤3：单击"文件"菜单左上角的"返回"按钮，返回工作界面。单击快速访问工具栏中的"保存"按钮，关闭文档，再次打开该文档时，就弹出"密码"对话框，正确输入密码才可以打开本文档。

项目 3　文字处理软件——Word 2016

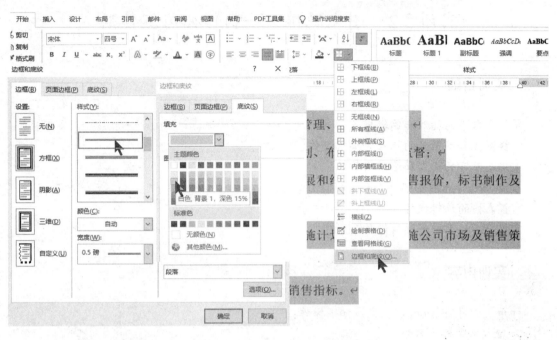

图 3-1-17　设置段落的边框和底纹

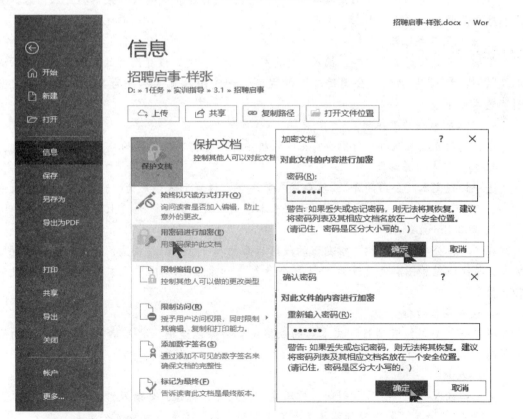

图 3-1-18　设置文档密码

实训 3.2　图文混排——制作公司宣传册

 实训目的

掌握文本框的插入和编辑操作。
掌握图片和剪贴画的插入和编辑操作。
掌握艺术字的插入和编辑操作。
掌握 SmartArt 图形的插入和编辑操作。
掌握表格的编辑操作。
掌握封面的添加和编辑操作。

 实训内容

打开"公司简介.docx",完成如下操作:
1. 插入并编辑文本框。
在文档右上角插入"怀旧型提要栏"文本框,然后在其中输入样张中的文本内容,并将文本格式设置为"宋体、小三、白色"。
2. 插入图片并编辑。
将插入点定位到标题左侧,插入"公司标志.jpg"图片,设置图片的显示方式为"四周型环绕",然后将其移动到"公司简介"的左侧,删除图片背景,并为其应用"十字图案蚀刻"艺术效果。
3. 插入联机图片并编辑。
在标题两侧插入联机"剪贴画-花"联机图片,并将其位置设为"衬于文字下方"。
4. 插入艺术字并编辑。
选中标题文本"公司简介",然后插入艺术字,设置形状效果为"预设 5",文本效果为"发光:11 磅;水绿色,主题色 5";设置艺术字的"文字环绕"为"上下型环绕"。
5. 插入 SmartArt 图形。
在"二、公司组织结构"标题下的段落后面插入一个组织结构图,并在对应的位置输入文本,将组织结构图颜色更改为"彩色-个性色",把组织结构图中文本框的"宽度"设置为"2.5 厘米"。
6. 设置表格边框。
将"一、公司经营项目"文本后的表格设置为绿色边框;将表格第一列文字方向修改为横向。
7. 插入封面。
为文档插入一个"镶边"封面,然后在"键入文档标题"处输入"公司简介"文本,在"公司名称"处输入"瀚兴国际贸易(上海)有限公司"文本,删除其余文本。
文档最终效果如图 3-2-1 所示。

项目 3　文字处理软件——Word 2016

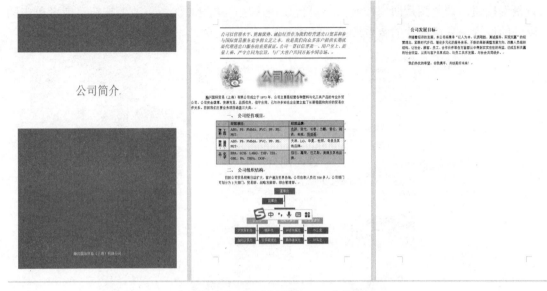

图 3-2-1　"公司简介.docx"效果

 实训步骤

1. 插入并编辑文本框。

在文档右上角插入"怀旧型提要栏"文本框，然后在其中输入样张文本内容，并将文本格式设置为"宋体、小三、白色"。

步骤 1：打开"公司简介.docx"文档，单击"插入"选项卡→"文本"组→"文本框"下拉按钮，在下拉列表中选择"奥斯汀引言"选项，插入文本框，如图 3-2-2 所示。

步骤 2：打开"素材文字.txt"文件，将文字内容复制粘贴到插入的文本框中，拖动文本框的两侧的控制点，将文本框调整至页面上边缘处，如图 3-2-2 所示。

步骤 3：选中文本框，设置文本内容格式为"新宋体、四号、浅蓝"，行间距设置为"19磅"，如图 3-2-2 所示。

2. 插入图片并编辑。

将插入点定位到标题左侧，插入"公司标志.jpg"图片，设置图片的显示方式为"四周型环绕"，然后将其移动到"公司简介"的左侧，删除图片背景，并为其应用"十字图案蚀刻"艺术效果。

步骤 1：将光标移至标题栏左侧，单击"插入"选项卡→"插图"组→"图片"的下拉按钮，在下拉列表中选择"此设备"选项，如图 3-2-3（a）所示，然后选择"公司标志.jpg"图片，单击"插入"按钮。

步骤 2：选中图片，单击图片右侧的浮动工具栏 ，在弹出的"布局选项"窗格中选择"文字环绕"组中的"四周环绕"选项，如图 3-2-3（b）所示。

步骤 3：单击选中图片，拖动图片四周的控制边框，即可调整图片大小。

步骤 4：再次单击选中图片，激活"图片工具/格式"选项卡，然后单击"调整"组的"删除背景"按钮,调整图片四周控制点,设置保留区域,单击"保留更改"按钮,或者单击图片以外的位置,完成图片的背景删除,如图 3-2-4 所示。

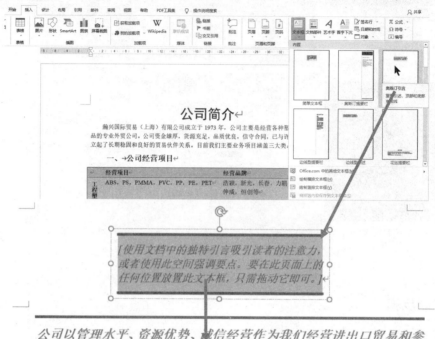

图 3-2-2　插入并编辑文本框

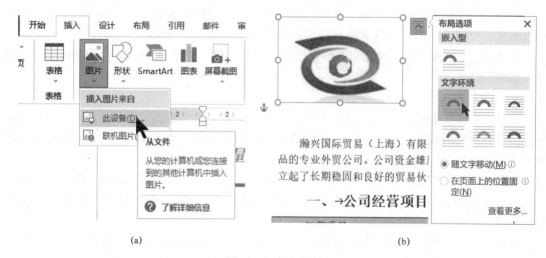

(a)　　　　　　　　　　　　　　(b)

图 3-2-3　插入图片

步骤 5:选中图片,单击"图片工具/格式"选项卡→"调整"组→"艺术效果"按钮,在下拉列表中选择"十字图案蚀刻"效果选项,如图 3-2-5 所示。

项目 3　文字处理软件——Word 2016

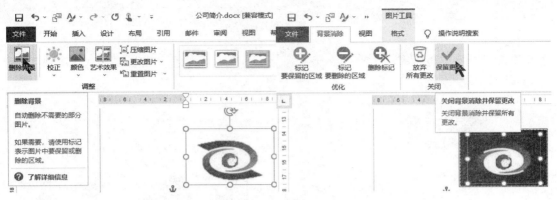

图 3-2-4　删除图片背景

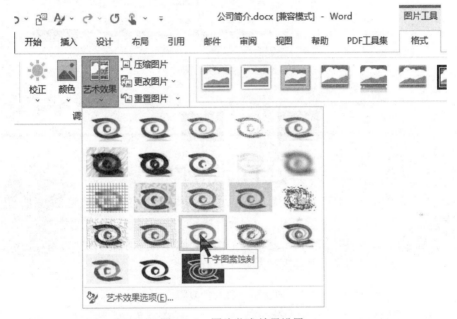

图 3-2-5　图片艺术效果设置

3. 插入联机图片。

在标题两侧插入"剪贴画-花"联机图片，并将其位置设为"衬于文字下方"。

步骤 1：将光标定位到"公司简介"左侧，单击"插入"选项卡→"插图"组→"图片"按钮→"联机图片"选项，打开"插入图片"对话框，在"必应图像搜索"文本输入框中输入"剪贴画＋花"，单击"搜索"图标，如图 3-2-6 所示。

步骤 2：在搜索结果中选择第二个图片，单击"插入"按钮，完成联机图片插入。

步骤 3：选中图片，单击鼠标右键，单击"环绕文字"选项，在弹出的列表中选择"衬于文字下方"选项。

步骤 4：拖动控制点调整图标大小，并将其移至左上角。选中图片，按快捷键 Ctrl+C 复制图片，按快捷键 Ctrl+V 粘贴，将复制的图标移动至文档右侧与左侧平行的位置，如图 3-2-7 所示。

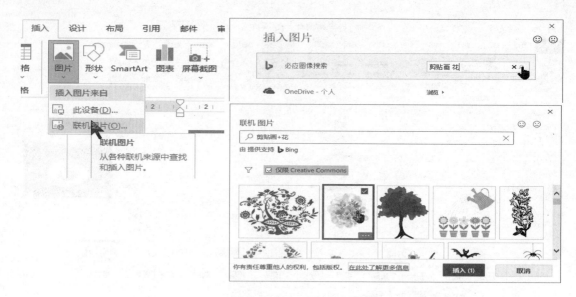

图 3-2-6 插入联机图片

图 3-2-7 图片的复制

4. 插入艺术字并编辑。

选中标题文本"公司简介",然后插入艺术字,设置形状效果为"预设 5",文本效果为"发光:11 磅;水绿色,主题色 5";设置艺术字的"文字环绕"为"上下型环绕"。

步骤 1:选中标题文本"公司简介",单击"插入"选项卡→"文本"组→"艺术字"按钮,选择第 2 行第 2 列选项,完成艺术字插入,如图 3-2-8 所示。

步骤 2:选中艺术字,待鼠标变成带箭头的十字形状时,利用鼠标拖曳艺术字至两个剪贴画之间。

步骤 3:选中艺术字,单击"图片工具/格式"选项卡→"形状样式"组→"形状效果"按钮,选择"预设"组中的"预设 5"选项,如图 3-2-9 所示。

步骤 4:选中艺术字,单击"图片工具/格式"选项卡→"艺术字样式"组→"文本效果"按钮,选择"发光"→"发光变体",选择第 3 行第 5 列"发光:11 磅;水绿色,主题色 5"选项,如图 3-2-10 所示。

项目3 文字处理软件——Word 2016

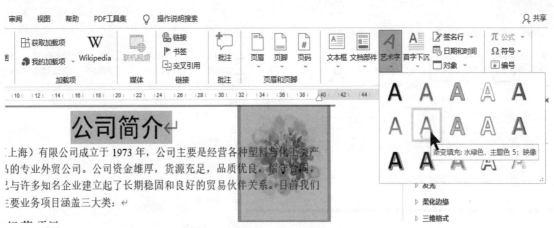

图 3-2-8 插入艺术字

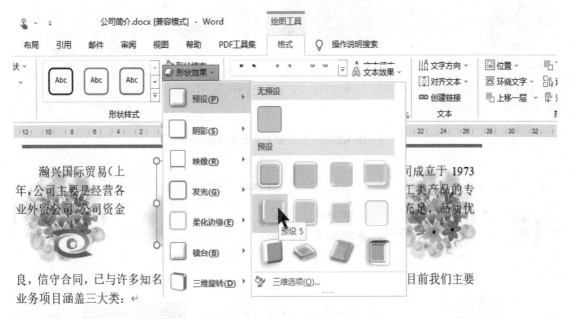

图 3-2-9 艺术字形状效果设置

步骤5：选中艺术字，单击鼠标右键，选择"环绕文字"→"上下型环绕"选项，或者单击浮动工具栏，选择"文字环绕"→"上下型环绕"选项。

5. 插入 SmartArt 图形。

在"二、公司组织结构"标题下的段落后面插入一个组织结构图，并在对应的位置输入文本，将组织结构图颜色更改为"彩色-个性色"，把组织结构图中文本框的"宽度"设置为"2.5 厘米"。

步骤1：在"二、公司组织结构"下的段落末尾处，按 Enter 键换行；单击"插入"选项卡→"插图"组→"SmartArt"按钮，在弹出的"选择 SmartArt 图形"对话框中单击"层次结构"，在右侧的窗格中选择"组织结构图"选项，单击"确定"按钮，如图 3-2-11 所示。

图 3-2-10 艺术字文本效果设置

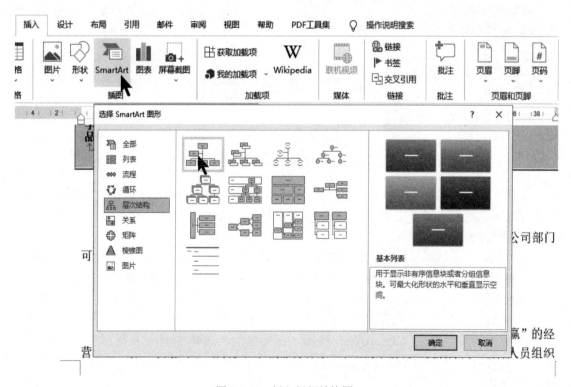

图 3-2-11 插入组织结构图

步骤 2：在 SmartArt 图形的第 1 行、第 2 行、第 3 行中的任一文本框中分别输入"董事会""监事会""总经理"文本。

步骤 3：选中第 3 行的空文本框，按 Delete 键删除这两个文本框。

步骤 4：选中第 3 行"总经理"文本框，单击"SmartArt 工具/设计"选项卡→"创建图形"组→"布局"按钮，在下拉列表中选择"标准"选项，如图 3-2-12 所示。

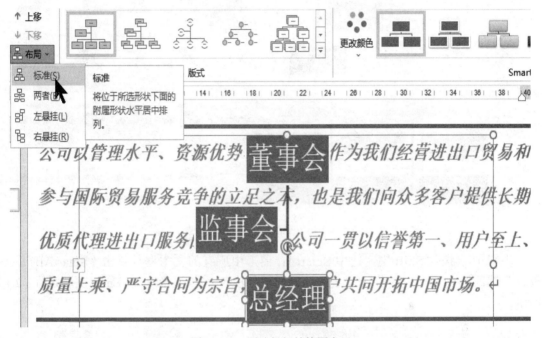

图 3-2-12　更改组织结构图布局

步骤 5：选中第 3 行"总经理"文本框，单击鼠标右键，选择"添加形状"→"在下方添加形状"选项，然后再次选中"总经理"文本框，按 F4 键，重复插入文本框操作；再次重复此操作，完成"总经理"文本框下级 3 个文本框的插入，并输入相应文字。

提示：输入文本框的文字，可以选中 SmartArt 图形，单击"SmartArt 工具/设计"选项卡→"创建图形"组→"文本窗格"按钮，打开"文本窗格"。

步骤 6：选中"贸易部"文本框，在其下方添加 1 个文本框，然后利用"F4"键，完成"贸易部"文本框下属 4 个文本框，"战略发展部"下属 2 个文本和"综合管理部"下属 2 个文本框的添加。

步骤 7：选中"贸易部"文本框，单击"SmartArt 工具/设计"选项卡→"创建图形"组→"布局"按钮，在下拉列表中选择"两者"选项，实现文本框的两边悬挂。

步骤 8：在各级文本框中输入相应文字，并调整位置及大小。

步骤 9：选中 SmartArt 图形，单击"SmartArt 工具/设计"选项卡→"SmartArt 样式"组→"更改颜色"按钮，选择"彩色"→"彩色-个性色"选项，如图 3-2-13 所示。

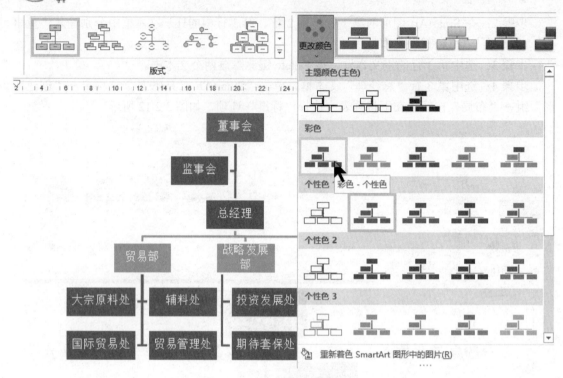

图 3-2-13 更改组织结构图颜色

步骤 10：按住 Shift 键，选中 SmartArt 图形中所有的文本框，单击"SmartArt 工具/设计"选项卡→"大小"组，在"宽度"数值框中输入"2.5 厘米"，按 Enter 键，如图 3-2-14 所示。

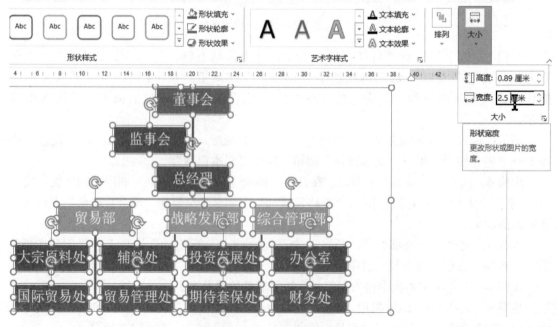

图 3-2-14 更改组织结构图大小

6. 设置表格边框。

将"一、公司经营项目"文本后的表格设置绿色边框；将表格第一列文字方向修改为横向。

步骤1：选中表格，单击鼠标右键，选中列表中的"表格属性"命令，打开"表格属性"对话框，单击"表格"选项卡下方的"边框和底纹"按钮，打开"边框和底纹"对话框，单击"边框"选项卡"设置"组中的"全部"选项，单击"确定"按钮，再次单击"确定"按钮，如图3-2-15所示。

图3-2-15　设置表格边框

步骤2：调整表格大小，把鼠标放在表格的边框线上，当鼠标形状变成上下箭头时，按住鼠标左键，拖曳表格边线至合适大小。

步骤3：选中表格中的第1列，单击鼠标右键，在弹出的列表中选择"文字方向"选项，在弹出的"文字方向-表格单元格"对话框中单击左侧第一个选项，单击"确定"按钮，如图3-2-16所示。

7. 插入封面。

为文档插入一个"镶边"封面，然后在"键入文档标题"处输入"公司简介"文本，在"公司名称"处输入"瀚兴国际贸易（上海）有限公司"文本，删除其余文本。

步骤1：单击"插入"选项卡→"页面"组→"封面"按钮，在下拉列表中选择"镶边"选项，在文档标题处输入"公司简介"文本，"公司名称"处输入"瀚兴国际贸易（上海）有限公司"文本，删除"Windows用户"和"公司地址"等文本框，如图3-2-17所示。

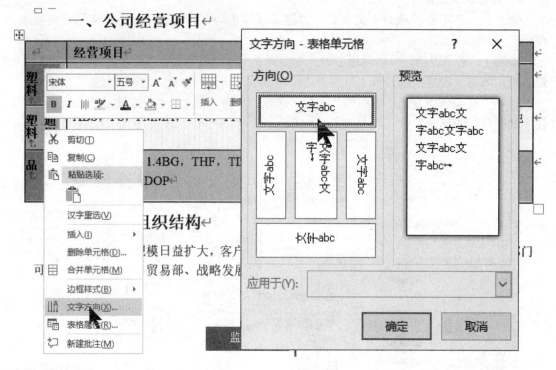

图 3-2-16　设置文字方向

图 3-2-17　添加封面并编辑

步骤 2：检查并保存文档，浏览 Word 文档内容，微调图片位置，按快捷键 Ctrl+S，保存文档。

实训 3.3　Word 长文档编排——毕业论文排版

实训目的

掌握样式的新建和编辑。
会使用大纲视图。
掌握分页符的插入。
掌握页眉页脚的设置。
掌握目录的创建。
会预览和打印文档。

实训内容

打开"毕业论文.docx"文档，完成如下操作：

1. 设置文档格式。

（1）设置正文样式：中文为"宋体"，西文为"Times New Roman"，字号为"五号"，首行缩进"2字符"，段前、段后为"0行"，行距为"1.5倍行距"。

（2）新建"一级标题"样式：新建一级标题，设置样式基准为"标题1"，字体格式为"黑体""三号""加粗"，段落格式为"居中对齐"，段前、段后为"0行"，行距为"2倍行距"。

（3）新建"二级标题"样式：用同样的方法新建二级标题，样式基准为"标题2"，字体格式为"微软雅黑""四号""加粗"，段落格式为"左对齐"，行距为"1.5倍行距"，如图3-3-3所示。

（4）设置"关键字"字体格式：选择"关键字"三个字，将字体格式设置为"黑体""四号""加粗"。

2. 设置封面页格式。

将"毕业论文"文本格式设置为"方正粗黑宋简体""初号""居中对齐"；将"企业质量管理浅析"文本格式设置为"黑体""小一""加粗""居中对齐"；将"姓名""学号""专业"文本格式设置为"楷体""四号"，并利用标尺使其与论文题目对齐。

3. 使用大纲视图。

利用大纲视图观察文档结构。

4. 插入分页符。

为文档每个部分的前面插入分页符或者分节符。

5. 设置页眉页脚。

（1）为文档创建"运动型（奇数页）"样式页眉：设置中文为"宋体"，英文为"Times New Roman"，字号为"五号"，行距为"单倍行距"，对齐方式为"居中对齐"。设置为首页不同，奇偶页不同，页面顶端距离1.1厘米。

（2）添加页脚：在论文正文部分页面的页脚区域插入"普通数字2"样式页码。

6. 创建目录。

插入"自定义目录"，制表符前导符为第2个选项，格式为"正式"，显示级别为"2"；

将目录文本设置为"宋体""小五""单倍行距"。

7. 预览文档。

利用"打印"命令预览整个文档。

文档最终效果如图 3-3-1 所示。

图 3-3-1　毕业论文排版效果图

实训步骤

1. 设置文档格式。

（1）设置正文样式。

中文为"宋体"，西文为"Times New Roman"，字号为"五号"，首行缩进"2 字符"，段前、段后为"0 行"，行距为"1.5 倍行距"，如图 3-3-2 所示。

步骤 1：把鼠标放在"开始"选项卡→"样式"组→"正文"样式选项上，鼠标右击，在弹出的列表中选择"修改"选项，打开"修改样式"对话框。

步骤 2：在"修改样式"对话框中，单击"格式"按钮，在弹出的列表中选择"字体"

选项，打开"字体"对话框。

步骤3：在打开的"字体"对话框中进行相应的设置，单击"确定"按钮。

步骤4：在"修改样式"对话框中，单击"格式"按钮，在弹出的列表中选择"段落"选项，打开"段落"对话框。

步骤5：在打开的"段落"对话框中进行相应的设置，单击"确定"按钮，再次单击"确定"按钮，完成"正文"样式设置。

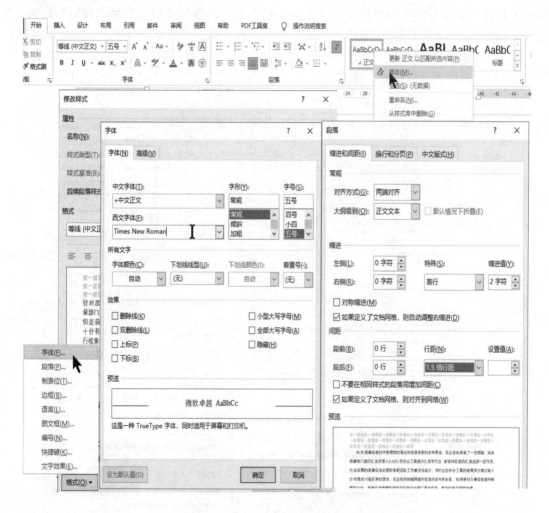

图 3-3-2 "正文"样式设置

步骤6：选中需要设置为正文样式的文本内容，单击"开始"选项卡→"样式"组→"正文"样式按钮，即可为选择的文本应用该样式。

提示：可以利用"格式刷"或者 F4 键进行快捷操作。

（2）新建"一级标题"样式。

新建一级标题，样式基准为"标题 1"，设置字体格式为"黑体""三号""加粗"，段落格式为"居中对齐"，段前、段后为"0 行"，行距为"2 倍行距"，如图 3-3-3 所示。

步骤1：单击"开始"选项卡→"样式"组下拉按钮，在下拉列表中选择"创建样式"

选项，打开"根据格式化创建新样式"对话框。

步骤2：在"根据格式化创建新样式"对话框中，在"名称"输入框中输入"一级标题"文本，单击"修改"按钮，弹出新的"根据格式化创建新样式"对话框。

步骤3：在"根据格式化创建新样式"对话框中，设置样式基准为"标题1"，字体格式为"黑体""三号""加粗"，勾选"自动更新"复选框。

步骤4：单击"格式"按钮，在弹出的列表中选择"段落"选项，在弹出"段落"对话框中，设置"对齐方式"为"居中"，"大纲级别"为"1级"，"段前"和"段后"均为"0行"，"行距"为"2倍行距"，单击"确定"按钮，再次单击"确定"按钮，完成样式创建。

步骤5：选中"提纲""目录""摘要""标题""参考文献"等一级标题文本，单击"标题1"按钮，应用"一级标题"样式。

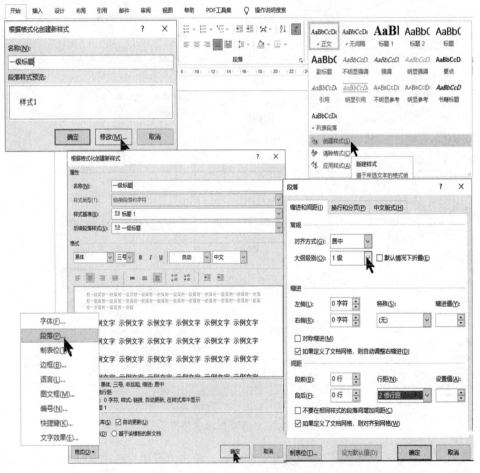

图3-3-3　创建"一级标题"样式

（3）新建"二级标题"样式。

用同样的方法新建二级标题，样式基准为"标题2"，字体格式为"微软雅黑""四号""加粗"，段落格式为"左对齐"，行距为"1.5倍行距"，如图3-3-4所示。

（4）设置"关键字"字体格式。

选择"关键字"三个字,利用"开始"选项卡→"字体"组的命令按钮,将字体格式设置为"黑体""四号""加粗"。

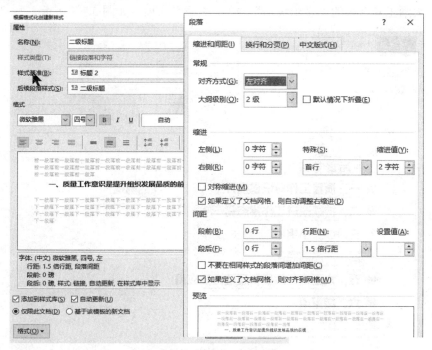

图 3-3-4　创建"二级标题"样式

2. 设置封面页格式。

选择"毕业论文"文本,将格式设置为"方正粗黑宋简体""初号""居中对齐";选择"企业质量管理浅析",将格式设置为"黑体""小一""加粗""居中对齐"。分别选中"姓名""学号""专业",设置格式为"楷体""四号",利用标尺使其与论文题目对齐,如图 3-3-5 所示。

毕·业·论·文

企业质量管理浅析

姓名:王 杰

学号:20190136

专业:工商企业管理

图 3-3-5　封面格式的设置

3. 使用大纲视图。

（1）单击"视图"选项卡→"视图"组→"大纲"按钮，将页面切换到大纲视图，选择"大纲显示/大纲工具"中的"显示级别"中的"2级"选项，如图3-3-6所示。

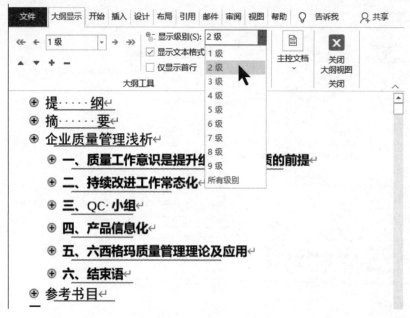

图3-3-6　大纲视图界面

（2）查看所有2级标题文本，双击"企业质量管理浅析"文本段落左侧的"+"按钮，或者单击"大纲工具"组中的"+"按钮，可展开标题下面内容。设置完成后，单击"关闭大纲视图"按钮，返回页面视图模式，如图3-3-7所示。

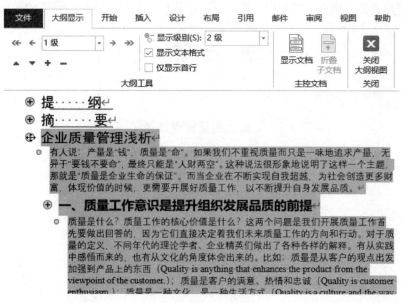

图3-3-7　大纲视图设置

4. 插入分页符。

（1）将光标定位到文本"提纲"之前，单击"布局"选项卡→"页面设置"组→"分隔符"按钮，在弹出的列表中选择"分页符"→"分页符"选项，在光标所在位置插入分页符，提纲内容将从下一页开始，如图 3-3-8 所示。将鼠标定位在"参考文献"文本前面，按 F4 键，再次插入分页符。

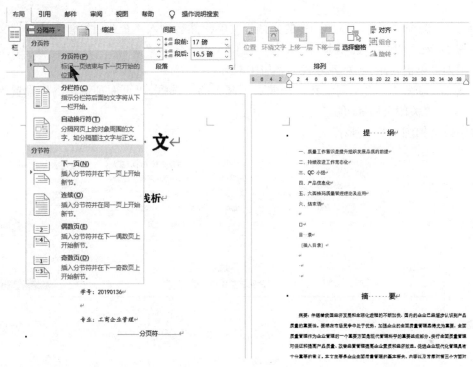

图 3-3-8 插入分页符

（2）将光标定位到文本"摘要"之前，单击"布局"选项卡→"页面设置"组→"分隔符"按钮，在弹出的列表中选择"分节符"→"下一页"选项，在光标所在位置插入分节符，"摘要"内容将从下一页开始，如图 3-3-9 所示。将光标分别定位在需要设置分节符的"目录""企业质量管理浅析"等一级标题文本前面，按 F4 键，重复插入分节符。

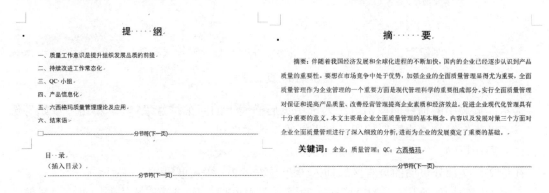

图 3-3-9 插入分节符

5. 设置页眉页脚。

(1) 为文档创建"运动型（奇数页）"样式页眉。

设置中文为"宋体"，英文为"Times New Roman"，字号为"五号"，行距为"单倍行距"，对齐方式为"居中对齐"。设置为首页不同，奇偶页不同，页面顶端距离1.1厘米。

步骤1：单击"插入"选项卡→"页眉和页脚"组→"页眉"按钮，选择"运动型（奇数页）"选项。

步骤2：选择"将标题添加到您的文档"文字，然后输入"企业质量管理浅析"文本。

步骤3：在"开始"选项卡→"字体"组中设置字体为"宋体""五号"；在"段落"组设置行距为"单倍行距"，对齐方式为"居中对齐"。

步骤4：勾选"首页不同"和"奇偶页不同"的复选框，"页面顶端距离"设置为"1.1厘米"，单击"关闭页眉和页脚"按钮。

最终效果如图3-3-10所示。

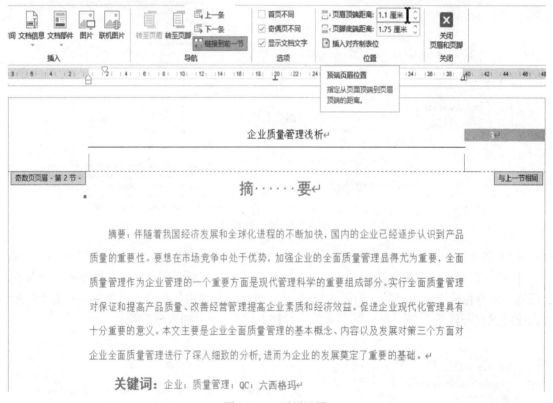

图3-3-10 页眉设置

提示：页眉中的横线的取消方法为选中页眉横线上的回车符号"↵"，单击"开始"选项卡→"段落"组→"边框"按钮→"无框线"选项即可。

(2) 添加页脚。

在论文正文部分页面的页脚区域插入"普通数字2"样式页码。

步骤1：双击论文正文页的页脚区，激活"页眉页脚工具/设计"选项卡，单击"导航"组的"链接到前一节"按钮，取消本节与前一节的链接，如图3-3-11所示。

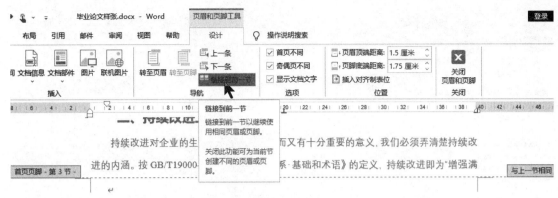

图 3-3-11 取消链接

步骤 2：单击"插入"选项卡→"页眉和页脚"组→"页码"按钮，在下拉列表中选择"页面底端"→"普通数字 2"选项，如图 3-3-12 所示。在偶数页也插入相同格式的页码。

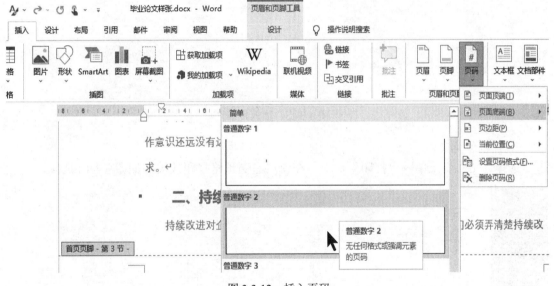

图 3-3-12 插入页码

6. 创建目录。

插入"自定义目录"，制表符前导符为第 2 个选项，格式为"正式"，显示级别为"2"；将目录文本设置为"宋体""小五""单倍行距"。

步骤 1：选中第 3 页"目录"文本下面的文本和符号，单击"引用"选项卡→"目录"组→"目录"按钮，在下拉列表中选择"自定义目录"选项，弹出"目录"对话框。

步骤 2：单击"目录"选项卡，选择"制表符前导符"下拉列表中的第 2 个选项，选择"格式"下拉列表框中的"正式"选项，"显示级别"输入"2"，取消选中"使用超链接而不使用页码"复选框，单击"确定"按钮，如图 3-3-13 所示。

步骤 3：利用鼠标选择插入的目录的文本，将目录文本格式设置为"宋体""小五""单倍行距"。

图 3-3-13 插入目录

7. 打印预览文档。

选择"文件"菜单→"打印"命令,在窗口右侧预览打印效果,如图 3-3-14 所示。

图 3-3-14 打印预览

实训 3.4　邮件合并——制作志愿者工作证

实训目的

熟练使用各种主文档。
掌握邮件合并的功能。
掌握 Word 综合运用。

实训内容

1. 创建主文档并设置文档格式。
（1）页面大小设置。自定义纸张页面大小，宽度为 10 厘米，高度为 13 厘米，上、下、左、右边距为 0 厘米。
（2）页面背景设置。页眉背景设置为"背景.jpg"图片，页面底部插入"鸽子.png"图片。
（3）绘制文本框。在页面顶部绘制标题为"贵州技术学院志愿者"的文本框，文本框格式设置为"无填充""无轮廓"，字体格式设置为"华文行楷""一号""加粗"。
（4）插入表格。插入 1 行 1 列的表格，供插入照片使用，设置表格表框为"无"，单元格边距为"0"，自动重调尺寸以适应内容。
（5）绘制文本框。在页面底部绘制文本框，设置文本框格式为"无填充""无轮廓"，依次输入"姓名:""系部:""电话:"，设置字体格式为"宋体""三号""加粗"，并在文字后面分别绘制三条直线，长度为 3 厘米。
2. 准备 Excel 数据源和照片。
用 Excel 表格软件制作相应的工作证数据源，照片统一大小，并保存至 Excel 数据源中照片所在的目录。
3. 邮件合并设置。
利用邮件合并功能完成志愿者工作证的制作。
4. 打印预览并保存文件。
利用"多页"命令浏览文档，并保存文档。
最终效果如图 3-4-1 所示。

图 3-4-1　志愿者工作证效果

图 3-4-1　志愿者工作证效果（续）

实训步骤

1. 创建主文档并设置文档格式。

制作主文档：新建一个 Word 文档，并保存为"志愿者工作证主文档.docx"，效果如图 3-4-2 所示。

图 3-4-2　主文档效果图

（1）页面大小设置。单击"布局"选项卡→"页面设置"组→"纸张大小"按钮，在下拉菜单中选择"其他页面大小"，弹出"页面设置"对话框，在"纸张大小"中选择"自定义大小"，设置宽度为 10 厘米，高度为 13 厘米，上、下、左、右页边距为 0 厘米。

（2）页面背景设置。页眉背景设置为"背景.jpg"图片，在页面底部插入"鸽子.png"图片。

步骤 1：单击"设计"选项卡→"页面背景"组→"页面颜色"按钮→"填充效果"选项，打开"填充效果"对话框，在"图片"选项卡下，单击"选择图片"→"从文件"→选择"背景.jpg"，单击"插入"按钮，再次单击"确定"按钮。

步骤 2：单击"插入"选项卡→"插图"组→"图片"按钮→"此设备"选项，选择"鸽子.png"图片，单击"插入"按钮。

步骤 3：用鼠标将"鸽子.png"图片拖至页面底部位置，如图 3-4-2 所示。

（3）绘制文本框。在页面顶部绘制文本框，设置文本框格式为"无填充""无轮廓"，输入标题"贵州技术学院志愿者"，并设置字体格式为"华文行楷""一号""加粗"。

（4）插入表格。在样张所示位置插入 1 行 1 列的表格，供插入照片使用，设置表格表框为"无"，单元格边距为"0"。为了让表格能够适应照片的大小，应设置表格属性，用鼠标右键单击表格，选择"表格属性"选项，单击"表格"选项卡，单击"选项"按钮，在弹出的对话框中勾选"自动重调尺寸以适应内容"复选框，如图 3-4-3 所示。

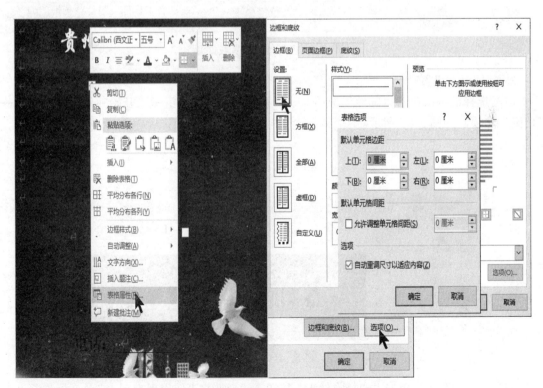

图 3-4-3　表格设置

（5）绘制文本框。在页面底部绘制文本框，设置文本框格式为"无填充""无轮廓"，依次输入"姓名:""系部:""电话:"文本,设置字体格式为"宋体""三号""加粗",并在文本后面分别绘制三条长度为 3 厘米的直线。

2. 准备 Excel 数据源和照片。

用 Excel 表格软件制作相应的工作证数据源,照片路径引用为绝对路径,"\\"方向不要出错,如图 3-4-4 所示。提前准备照片,将照片裁剪为统一的大小,照片保存至 Excel 数据源中照片所在的目录。

	A	B	C	D	E
1	编号	姓名	系部	电话	照片
2	152003005	张秋琴	营销系	138****7862	d:\\志愿者工作证\\照片\\张秋琴.jpg
3	152003006	祝聪	营销系	158****8758	d:\\志愿者工作证\\照片\\祝聪.jpg
4	152003007	唐焱玲	营销系	150****0169	d:\\志愿者工作证\\照片\\唐焱玲.jpg
5	152003008	龚茵茵	环艺系	159****4101	d:\\志愿者工作证\\照片\\龚茵茵.jpg
6	152003009	操翔	环艺系	139****0052	d:\\志愿者工作证\\照片\\操翔.jpg
7	152003010	何山英	环艺系	139****2877	d:\\志愿者工作证\\照片\\何山英.jpg
8	152003011	陈渝	基础部	136****9748	d:\\志愿者工作证\\照片\\陈渝.jpg
9	152003012	邱长爽	基础部	139****3361	d:\\志愿者工作证\\照片\\邱长爽.jpg
10	152003013	潘辰琳	基础部	182****7136	d:\\志愿者工作证\\照片\\潘辰琳.jpg
11	152003014	余游	基础部	182****8698	d:\\志愿者工作证\\照片\\余游.jpg
12	152003015	王强	基础部	159****3131	d:\\志愿者工作证\\照片\\王强.jpg
13	152003016	董新星	建工系	150****3312	d:\\志愿者工作证\\照片\\董新星.jpg
14	152003017	杨恒	建工系	159****7356	d:\\志愿者工作证\\照片\\杨恒.jpg
15	152003018	刘玉萍	建工系	134****3865	d:\\志愿者工作证\\照片\\刘玉萍.jpg

图 3-4-4 志愿者工作者数据源

3. 邮件合并设置。

(1)选择信函。单击"邮件"选项卡→"开始邮件合并"组→"开始邮件合并"按钮→"信函"选项,如图 3-4-5 所示。

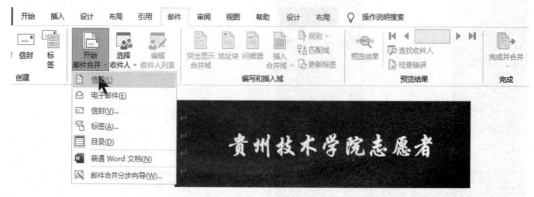

图 3-4-5 开始邮件合并

(2)选择收件人。单击"选择收件人"按钮,然后选择"使用现有列表"选项,选择"志愿者工作证数据源"文件,单击"打开"按钮;在"选择表格"对话框中单击选择"Sheet1",单击"确定"按钮,如图 3-4-6 所示。

项目 3　文字处理软件——Word 2016

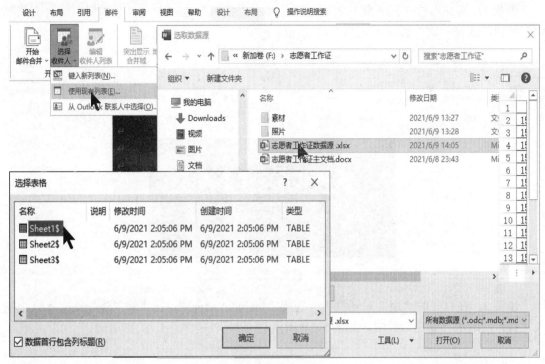

图 3-4-6　选择收件人

（3）插入合并域。把光标放在"姓名"文本后面位置，单击"插入合并域"按钮，选择"姓名"选项，如图 3-4-7 所示。重复此过程，继续插入"系部"域、"电话"域。

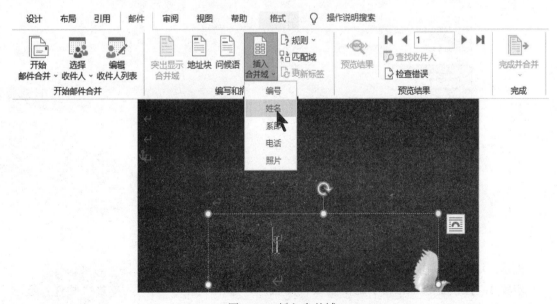

图 3-4-7　插入合并域

（4）插入照片域。

步骤1：将光标放在插入照片表格里面，单击"插入"选项卡→"文本"组→"文档部件"按钮，选择"域"选项，如图 3-4-8 所示。

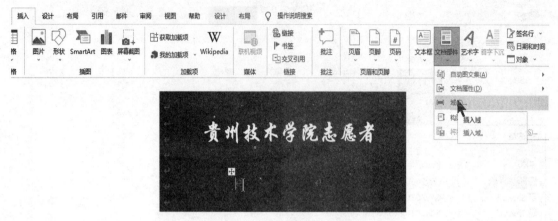

图 3-4-8　插入文档部件"域"

步骤2：在打开的"域"对话框中，选择"IncludePicture"，在"域属性"的文本框中输入"111"，单击"确定"按钮，如图 3-4-9 所示。

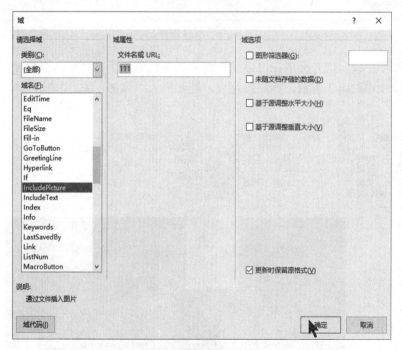

图 3-4-9　"域"对话框

提示：域属性中临时输入"111"，占住照片位置，后期由实际的"域"名来代替。

步骤3：按快捷键 Alt+F9 切换到域代码状态，选中"111"文本，单击"邮件"选项卡→"编写和插入域"组→"插入合并域"按钮，选择"照片"选项，如图 3-4-10 所示。

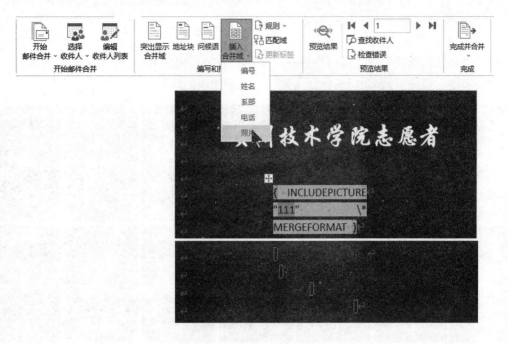

图 3-4-10 插入"照片"域

步骤 4：按快捷键 Alt+F9 切换到标准状态，按快捷键 Ctrl+A 选中所有内容，按 F9 键刷新页面，并调整照片大小。

（5）完成并合并。

步骤 1：单击"邮件"选项卡→"完成"组→"完成并合并"按钮，在下拉列表中选择"编辑单个文档"选项，在弹出的"合并到新文档"对话框中，单击"确定"按钮，如图 3-4-11 所示。

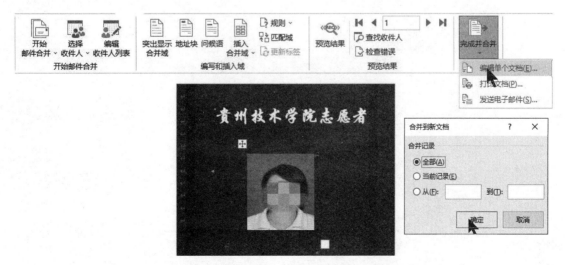

图 3-4-11 完成邮件合并

步骤2：在"信函"文档中，此时所有照片都相同，按快捷键Ctrl+A选中所有内容，再按F9键刷新页面，照片即可更新完成。

4. 打印预览并保存文件。

单击"视图"选项卡→"缩放"组→"多页"按钮，按住Ctrl键，滑动鼠标滚轮，浏览邮件合并文件。按快捷键Ctrl+S保存文档，效果如图3-4-12所示。

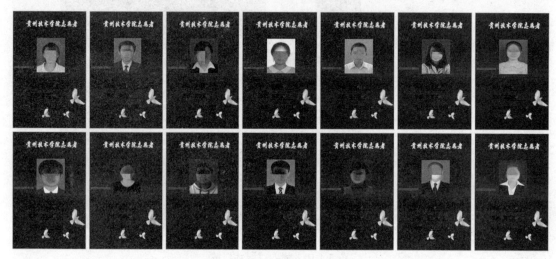

图3-4-12　文档合并后效果

项目 4

数据处理软件——Excel 2016

实训 4.1　数据统计——制作成绩分析表

实训目的

掌握 Excel 中公式和常用函数的使用方法。

掌握表格格式设置的方法。

掌握插入图表的方法。

实训内容

成绩分析表如图 4-1-1 所示。

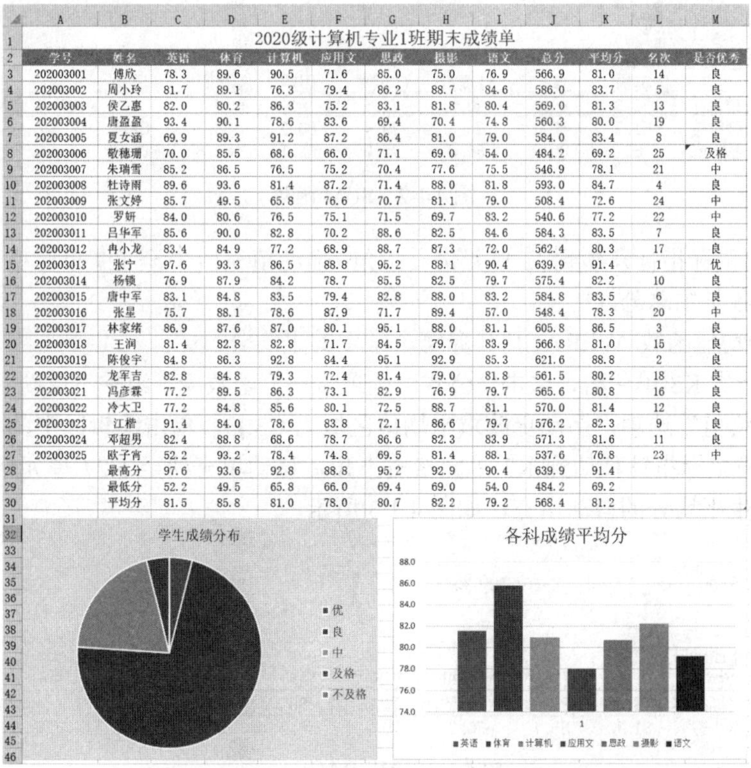

2020级计算机专业1班期末成绩单

学号	姓名	英语	体育	计算机	应用文	思政	摄影	语文	总分	平均分	名次	是否优秀
202003001	傅欣	78.3	89.6	90.5	71.6	85.0	75.0	76.9	566.9	81.0	14	良
202003002	周小玲	81.7	89.1	76.3	79.4	86.2	88.7	84.6	586.0	83.7	5	良
202003003	侯乙惠	82.0	80.2	86.3	75.2	83.1	81.8	80.4	569.0	81.3	13	良
202003004	唐盈盈	93.4	90.1	78.6	83.6	69.4	70.4	74.8	560.3	80.0	19	良
202003005	夏女涵	69.9	89.3	91.2	87.2	86.4	81.0	79.0	584.0	83.4	8	良
202003006	敬穗珊	70.0	85.5	68.6	66.0	71.1	69.0	54.0	484.2	69.2	25	及格
202003007	朱瑞雪	85.2	86.5	76.5	75.2	70.4	77.6	75.5	546.9	78.1	21	中
202003008	杜诗雨	89.6	93.6	81.4	87.2	71.4	88.0	81.8	593.0	84.7	4	良
202003009	张文婷	85.7	49.5	65.8	76.6	70.7	81.1	79.0	508.4	72.6	24	中
202003010	罗妍	84.0	80.6	76.5	75.1	71.5	69.7	83.2	540.6	77.2	22	中
202003011	吕华军	85.6	90.0	82.8	70.2	88.6	82.5	84.6	584.3	83.5	7	良
202003012	冉小龙	83.4	84.9	77.2	68.9	88.7	87.3	72.0	562.4	80.3	17	良
202003013	张宁	97.6	93.3	86.5	88.8	95.2	88.1	90.4	639.9	91.4	1	优
202003014	杨镇	76.9	87.9	84.2	78.7	85.5	82.5	79.7	575.4	82.2	10	良
202003015	唐中军	83.1	84.8	83.5	79.4	82.8	88.0	83.2	584.8	83.5	6	良
202003016	张星	75.7	88.1	78.6	87.9	71.7	89.4	57.0	548.4	78.3	20	中
202003017	林家绪	86.9	87.6	87.0	80.1	95.1	88.0	81.1	605.8	86.5	3	良
202003018	王润	81.4	82.8	82.8	71.7	84.5	79.7	83.9	566.8	81.0	15	良
202003019	陈俊宇	84.8	86.3	92.8	84.4	95.1	92.9	85.3	621.6	88.8	2	良
202003020	龙军吉	82.8	84.8	79.3	72.4	81.4	79.0	81.8	561.5	80.2	18	良
202003021	冯彦霖	77.2	89.5	86.3	73.1	82.9	76.9	79.7	565.6	80.8	16	良
202003022	冷大卫	77.2	84.8	85.6	80.1	72.5	88.7	81.1	570.0	81.4	12	良
202003023	江楷	91.4	84.0	78.6	83.8	72.1	86.6	79.7	576.2	82.3	9	良
202003024	邓超男	82.4	88.8	68.6	78.7	86.6	82.3	83.9	571.3	81.6	11	良
202003025	欧子宵	52.2	93.2	78.4	74.8	69.5	81.4	88.1	537.6	76.8	23	中
	最高分	97.6	93.6	92.8	88.8	95.2	92.9	90.4	639.9	91.4		
	最低分	52.2	49.5	65.8	66.0	69.4	69.0	54.0	484.2	69.2		
	平均分	81.5	85.8	81.0	78.0	80.7	82.2	79.2	568.4	81.2		

图 4-1-1　成绩分析表效果图

打开"成绩.xlsx",完成如下操作:

1. 插入 SUM 函数,计算各学生的总分。
2. 插入 AVERAGE 函数,计算各学生平均分。
3. 插入 MAX 和 MIN 函数,计算各门课程的最高分和最低分。
4. 插入 RANK 函数,计算各个学生的成绩排名。
5. 插入 IF 嵌套函数,计算各个学生的成绩是否达到评定优秀。
6. 计算每门课程的平均分。
7. 统计优、良、中、及格、不及格人数。
8. 设置单元格格式,并美化表格。
9. 插入平均成绩的簇状柱形图。
10. 插入成绩分布饼图。

实训步骤

1. 使用求和函数 SUM 计算各学生的总分。

步骤1:打开"成绩.xlsx"工作簿,选中 J3 单元格,单击"公式"选项卡→"函数库"组→"自动求和"按钮,单击编辑区中的"输入"按钮√,或者按 Enter 键,如图 4-1-2 所示。

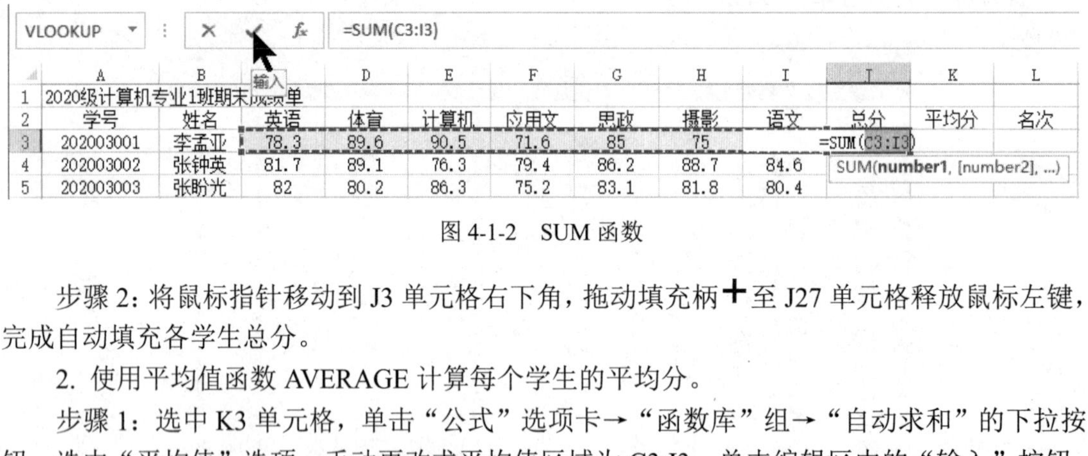

图 4-1-2　SUM 函数

步骤2:将鼠标指针移动到 J3 单元格右下角,拖动填充柄✚至 J27 单元格释放鼠标左键,完成自动填充各学生总分。

2. 使用平均值函数 AVERAGE 计算每个学生的平均分。

步骤1:选中 K3 单元格,单击"公式"选项卡→"函数库"组→"自动求和"的下拉按钮,选中"平均值"选项,手动更改求平均值区域为 C3:I3,单击编辑区中的"输入"按钮。

步骤2:将鼠标指针移动到 K3 单元格右下角,移动填充柄至 K27 单元格,释放鼠标左键,完成各学生平均分的自动填充,如图 4-1-3 所示。

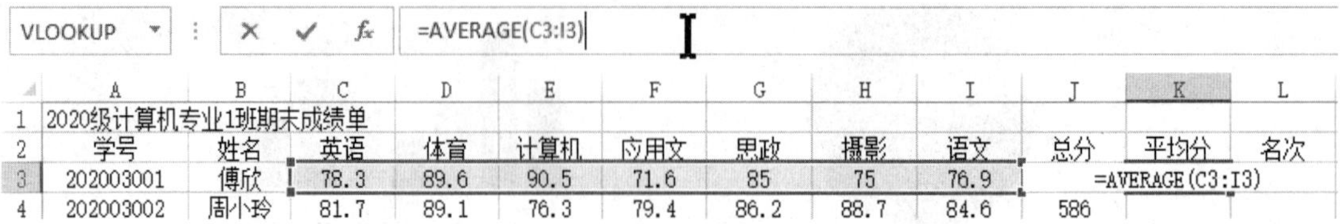

图 4-1-3　AVERAGE 函数

3. 使用最大值函数 MAX 和最小值函数 MIN 计算最高分和最低分。

（1）计算最高分。

步骤 1：选中 C28 单元格，单击“公式”选项卡→“函数库”组→“自动求和”下拉按钮，选中“最大值”选项，单击编辑区中的“输入”按钮。

步骤 2：将鼠标指针移动到 C28 单元格右下角，向右拖动填充柄至 K27 单元格，释放鼠标，将自动计算出各科最高分、总分最高分和平均分最高分，如图 4-1-4 所示。

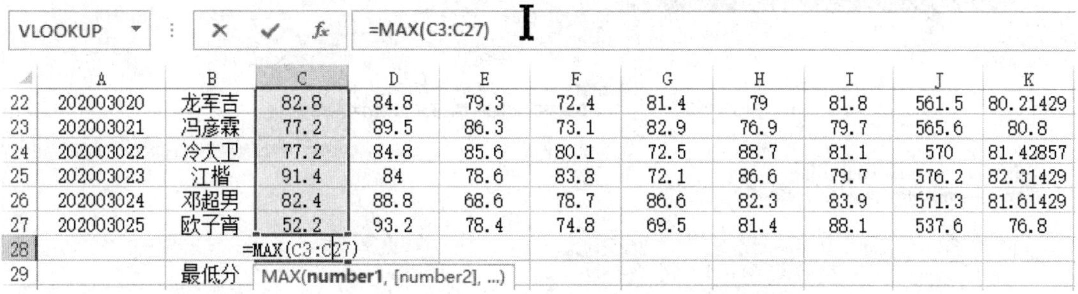

	A	B	C	D	E	F	G	H	I	J	K
22	202003020	龙军吉	82.8	84.8	79.3	72.4	81.4	79	81.8	561.5	80.21429
23	202003021	冯彦霖	77.2	89.5	86.3	73.1	82.9	76.9	79.7	565.6	80.8
24	202003022	冷大卫	77.2	84.8	85.6	80.1	72.5	88.7	81.1	570	81.42857
25	202003023	江楷	91.4	84	78.6	83.8	72.1	86.6	79.7	576.2	82.31429
26	202003024	邓超男	82.4	88.8	68.6	78.7	86.6	82.3	83.9	571.3	81.61429
27	202003025	欧子宵	52.2	93.2	78.4	74.8	69.5	81.4	88.1	537.6	76.8
28			=MAX(C3:C27)								
29		最低分	MAX(number1, [number2], ...)								

图 4-1-4　MAX 函数

（2）计算最低分。

步骤 1：选中 C29 单元格，单击“公式”选项卡→“函数库”组→“自动求和”下拉按钮，选中“最小值”选项，手动更改计算区域为 C3:C27，单击编辑区中的“输入”按钮。

步骤 2：将鼠标指针移动到 C29 单元格右下角，拖动填充柄至 K29 单元格，释放鼠标左键，将自动计算出各科最低分、总分最低分和平均分最低分，如图 4-1-5 所示。

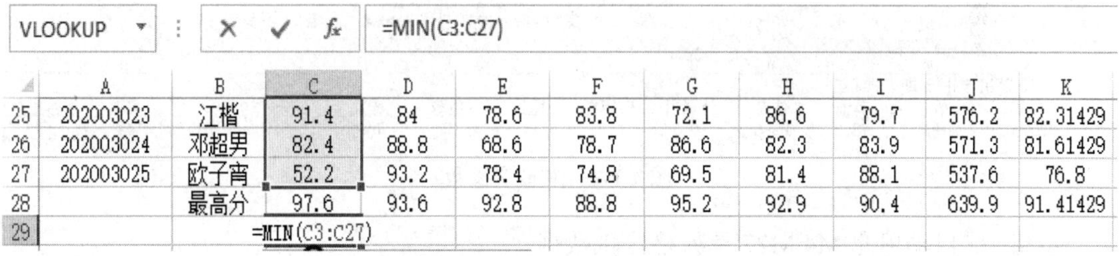

	A	B	C	D	E	F	G	H	I	J	K
25	202003023	江楷	91.4	84	78.6	83.8	72.1	86.6	79.7	576.2	82.31429
26	202003024	邓超男	82.4	88.8	68.6	78.7	86.6	82.3	83.9	571.3	81.61429
27	202003025	欧子宵	52.2	93.2	78.4	74.8	69.5	81.4	88.1	537.6	76.8
28		最高分	97.6	93.6	92.8	88.8	95.2	92.9	90.4	639.9	91.41429
29			=MIN(C3:C27)								

图 4-1-5　MIN 函数

4. 使用排名函数 RANK 计算班级学生排名情况。

步骤 1：选中 L3 单元格，单击“公式”选项卡→“函数库”组→“插入函数”按钮，选择“或选择类别”下的“常用函数”选项，选择“RANK”函数，单击“确定”按钮。

步骤 2：在弹出的“函数参数”对话框中，在“Number”文本框中输入“J3”，单击“Ref”文本框右侧“收缩”按钮，选中要计算的单元格区域 J3:J27，单击右侧“拓展”按钮，返回到“函数参数”对话框，利用 F4 键将“Ref”文本框中的单元格的引用地址转换为绝对引用，单击“确定”按钮，如图 4-1-6 所示。

步骤 3：自动填充 L4:L27 单元格区域数据。

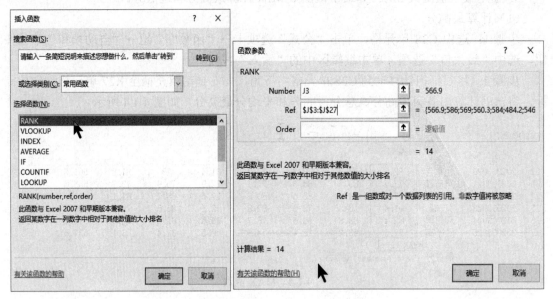

图 4-1-6 RANK 函数

5. 使用 IF 嵌套函数计算各个学生的成绩是否达到评定优秀（成绩平均分在 90 以上）。

步骤 1：选中 M3 单元格，在编辑栏输入公式"=IF(K3>=90,"优",IF(K3>=80,"良",IF(K3>=70,"中",IF(K3>=60,"及格",""不及格"))))"，单击"输入"按钮，M3 单元格数据变为"良"，如图 4-1-7 所示。

	A	B	C	D	E	F	G	H	I	J	K	L	M
1	2020级计算机专业1班期末成绩单												
2	学号	姓名	英语	体育	计算机	应用文	思政	摄影	语文	总分	平均分	名次	是否优秀
3	202003001	傅欣	78.3	89.6	90.5	71.6	85	75	76.9	566.9	80.98571	14	良

图 4-1-7 IF 嵌套函数

步骤 2：自动填充 M4:M27 单元格区域数据。

6. 计算每门课程的平均分。

选中 C30 单元格，插入 AVERAGE 函数计算每门课程的平均分。

7. 统计优、良、中、及格、不及格人数。

步骤 1：选中 D30 单元格，单击"公式"选项卡→"函数库"组→"插入函数"按钮，选择"或选择类别"下的"常用函数"选项，选择"COUNTIF"函数，单击"确定"按钮。

步骤 2：在"函数参数"对话框中，在"Range"文本框里面输入"M3:M27"，选中"M3:M27"，按 F4 键，将其转化为绝对引用。在"Criteria"文本框里面输入"优"，单击"确定"按钮，如图 4-1-8 所示。

步骤 3：使用自动填充功能，填充 M33:M36 单元格数据，并将公式里面的"优"分别修改为"良""中""及格""不及格"。

项目 4 数据处理软件——Excel 2016

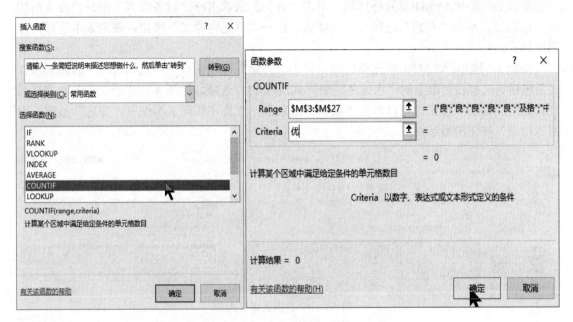

图 4-1-8 COUNTIF 函数

8. 设置单元格格式，并美化表格。

步骤 1：选中 C3:K30 单元格区域，单击"开始"选项卡→"数字"组的"对话框启动器"按钮，打开"设置单元格格式"对话框，在"数字"选项卡下，选择"数值"，将小数位数设置为"1"，单击"确定"按钮，如图 4-1-9 所示。

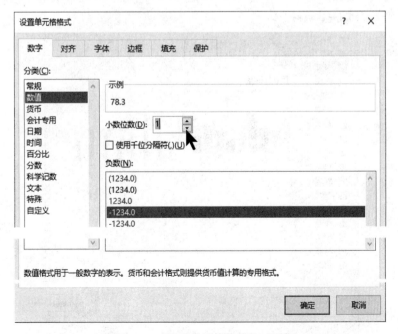

图 4-1-9 "设置单元格格式"对话框

步骤2：选中 A1:M1 单元格区域，单击"开始"选项卡→"对齐方式"组→"合并后居中"按钮；单击"开始"选项卡→"样式"组→"单元格样式"按钮，在列表中选择"标题"样式。

步骤3：选中 A2:M30 单元格区域，单击"开始"选项卡→"样式"组→"套用表格样式"按钮，选择浅色组下的"水绿色，表样式浅色13"选项，如图4-1-10所示。此时表格第二行显示"筛选"按钮，可以单击"数据"选项卡→"排序和筛选"组→"筛选"按钮，取消"筛选"按钮的显示。

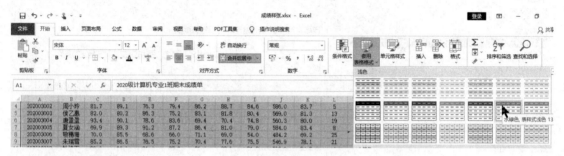

图 4-1-10　套用表格样式

9. 插入平均成绩的簇状柱形图。

步骤1：按 Ctrl 键选中 C2:I2、C30:I30 单元格区域，单击"插入"选项卡→"图表"组的"对话框启动器"按钮，打开"插入图表"对话框，在"所有图表"选项卡下选择"柱形图"→"簇状柱形图"，如图 4-1-11 所示，单击"确定"按钮，即可插入图表。

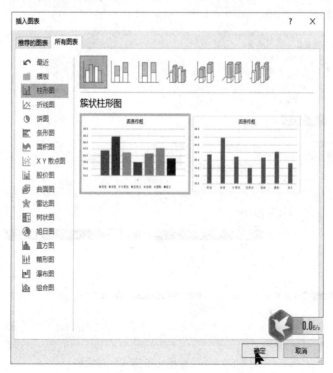

图 4-1-11　插入"簇状柱形图"

项目 4 数据处理软件——Excel 2016

步骤 2：单击"图表标题"，将其修改为"各科成绩平均分"。

步骤 3：选择图表，在图表右侧的浮动工具栏中单击"+"按钮，在弹出的列表中，单击"数据标签"右侧的箭头，在弹出的列表中选择"数据标签外"选项，如图 4-1-12 所示。

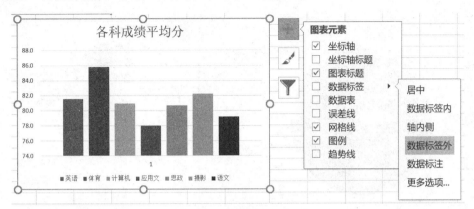

图 4-1-12　数据标签设置

10. 插入成绩分布饼图。

步骤 1：选中 C32:D36 单元格区域，单击"插入"选项卡→"图表"组的"对话框启动器"按钮，打开"插入图表"对话框，在"所有图表"选项卡下选择"饼图"。

步骤 2：将"图表标题"修改为"学生成绩分布"。

步骤 3：选中饼图，激活"图表工具/格式"选项卡，单击"形状样式"组中的"形状填充"按钮，在主题颜色中单击第一行第三个色块"茶色，背景 2"，如图 4-1-13 所示。

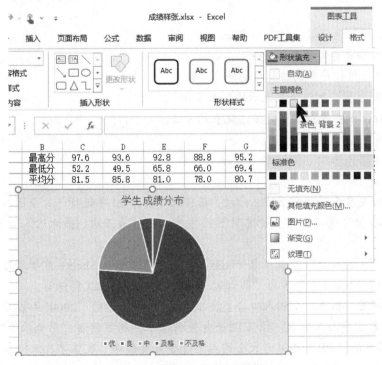

图 4-1-13　图表背景颜色设置

步骤 4：选中饼图底部的图例，在图表右侧的浮动工具栏中单击"+"按钮，在弹出的列表中单击"图例"右侧的箭头，在弹出的列表中选择"右"选项，如图 4-1-14 所示。

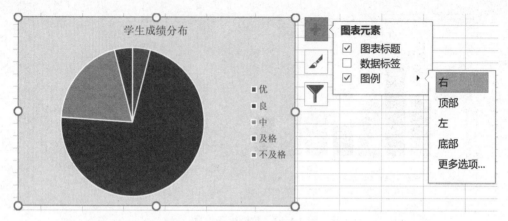

图 4-1-14　图表中的图例位置设置

步骤 5：选中饼图，用鼠标拖至合适位置。

实训 4.2　Excel 数据分析和处理——制作人口统计表

实训目的

掌握 Excel 获取网页数据的基本方法。
理解并掌握合并计算的基本方法。
掌握 Excel 数据排序和高级筛选的基本方法。
掌握和理解分类汇总和分级显示的基本方法。
掌握在 Excel 中创建和设置数据透视表的方法。

实训内容

中国的人口发展形势非常严峻，为此，国家统计局每 10 年进行一次全国人口普查，以掌握全国人口的增长速度及规模。请按照下列要求完成对第五次、第六次人口普查数据的统计分析。

（1）新建"全国人口普查数据分析.xlsx"文档，将工作表 Sheet1 重命名为"第五次普查数据"，将工作表 Sheet2 重命名为"第六次普查数据"，并将该文档保存。

（2）浏览网页"第五次全国人口普查公报.htm"，将其中的"2000 年第五次全国人口普查主要数据"表格导入工作表"第五次普查数据"中；浏览网页"第六次全国人口普查公报.htm"，将其中的"2010 年第六次全国人口普查主要数据"表格导入工作表"第六次普查数据"中（要求均从 A1 单元格开始导入，不得对两个工作表中的数据进行排序）。

项目4 数据处理软件——Excel 2016

（3）对两个工作表中的数据区域套用表格样式"中等深浅2"，要求数据区域四周有较粗的实线边框，并将所有人口数列的数字格式设为带千分位分隔符的整数。

（4）将两个工作表的"人口数（万人）"进行合并计算，结果放在一个名为"合并计算"的新工作表中，并且从左列A1单元格开始，A1单元格的列标题为"地区"，合并计算结果显示2000年和2010年这两年的人口数（万人）之和。

（5）将两个工作表内容合并，合并后的工作表放在新工作表"比较数据"中（自A1单元格开始），并且保持最左列仍为地区名称，A1单元格中的列标题为"地区"。以"地区"为关键字对工作表"比较数据"进行升序排列。将直辖市（北京市、上海市、天津市、重庆市）的数据筛选出来。

（6）在合并后的工作表"比较数据"中的数据区域最右侧依次增加"人口增长数"和"比重变化"两列，计算这两列的值。其中，人口增长数=2010年人口数–2000年人口数；比重变化=2010年比重–2000年比重。

（7）打开工作簿"统计指标.xlsx"，将工作表"统计数据"插入正在编辑的文档"全国人口普查数据分析.xlsx"中的工作表"比较数据"的右侧。

（8）在工作簿"全国人口普查数据分析.xlsx"的工作表"比较数据"中的相应单元格内填入统计结果。

（9）基于工作表"比较数据"创建一个数据透视表，将其单独存放在一个名为"透视分析"的工作表中。透视表中要求筛选出2010年人口数超过5 000万人的地区及其人口数、2010年所占比重、人口增长数，并按人口数从多到少排序。最后，调整数据透视表中求和项比重的数字格式为0.00%。

 实训步骤

（1）新建"全国人口普查数据分析.xlsx"文档，将工作表Sheet1重命名为"第五次普查数据"，将工作表Sheet2重命名为"第六次普查数据"，并将该文档保存。

打开"全国人口普查数据分析.xlsx"文档，分别对工作表Sheet1和Sheet2进行重命名操作。用户可以选中工作表，鼠标右击，在弹出的快捷菜单中选择"重命名"命令，当表名呈现可编辑状态时进行修改；或者直接用鼠标左键双击工作表表名，进入可编辑状态即可修改。

（2）浏览网页"第五次全国人口普查公报.htm"，将其中的"2000年第五次全国人口普查主要数据"表格导入工作表"第五次普查数据"中；浏览网页"第六次全国人口普查公报.htm"，将其中的"2010年第六次全国人口普查主要数据"表格导入工作表"第六次普查数据"中（要求均从A1单元格开始导入，不得对两个工作表中的数据进行排序）。

步骤1：双击指定文件夹中的网页"第五次全国人口普查公报.htm"和"第六次全国人口普查公报.htm"，它们将在用户计算机默认的浏览器中显示出来。之后，将光标定位到工作表"第五次普查数据"的空白处，单击"数据"选项卡→"获取外部数据"组→"自Web"按钮，打开用户计算机系统默认的浏览器主页，如图4-2-1所示。如果弹出"脚本错误"对话框，单击"否"按钮。

步骤2：在"新建Web查询"的"地址"处输入正确的网址后，单击"转到"按钮，即可在浏览器中看到网页信息,如图 4-2-2 所示。滚动鼠标滑轮,在需要导入的表"2000 年第五次全国人口普查主要数据(大陆)"的左上方黄色箭头处单击,并单击"导入"按钮,如图 4-2-3 所示。在弹出"导入数据"对话框中,单击"确定"按钮即可完成导入数据。

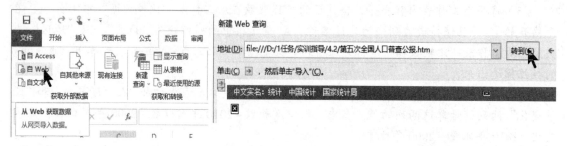

图 4-2-1　获取外部数据"自 Web"　　　图 4-2-2　在网页中输入文件地址并选择需要导入的内容

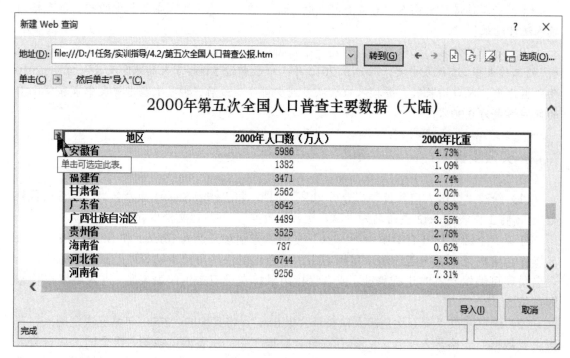

图 4-2-3　导入数据表

步骤 3:完成"自 Web"网页数据的导入后,回到当前工作表,在"导入数据"对话框中的"数据的放置位置"选项组中选中"现有工作表"单选按钮,并在文本框中输入"=A1",在工作表 A1 单元格开始的位置完成 Web 网页内容的导入,如图 4-2-4 所示。随后关闭"第五次全国人口普查公报.htm"网页。

步骤 4:按照同样的操作方法,完成网页"第六次全国人口普查公报.htm"表格数据的导入。

项目 4 数据处理软件——Excel 2016

图 4-2-4 导入数据到现有工作表

(3) 对两个工作表中的数据区域套用表格样式"中等深浅 2",要求数据区域四周有较粗的实线边框,并将所有人口数列的数字格式设为带千分位分隔符的整数。

步骤 1:对两个工作表中的数据区域套用表格样式"中等深浅 2",要求数据区域四周有较粗的实线边框。

步骤 2:单击"开始"选项卡→"样式"组→"套用表格格式"下拉按钮,在弹出的下拉列表中的"中等色"分类中选择"中等深浅 2"选项,随即弹出"创建表"对话框,勾选"表包含标题",单击"确定"按钮,如图 4-2-5 所示。上述操作完成后,系统弹出一个如图 4-2-6 所示的提示框。

图 4-2-6 "创建表"对话框　　图 4-2-6 Microsoft Excel 系统提示是否删除数据的外部连接

步骤 3:因为是从网页中获取数据的,所以系统会有以上提示,单击"是"按钮,则按照系统提示将整个数据区域转换为表并删除所有外部连接。

步骤 4:选中每个表格的数据区域,按照图 4-2-7 所示在数据区域四周设置较粗的外框线。

步骤5：选中每个表的"人口数"列，右击，在弹出的快捷菜单中选择"设置单元格格式"命令，在弹出的"设置单元格格式"对话框中进行"千分位"的设置，如图 4-2-8 所示。

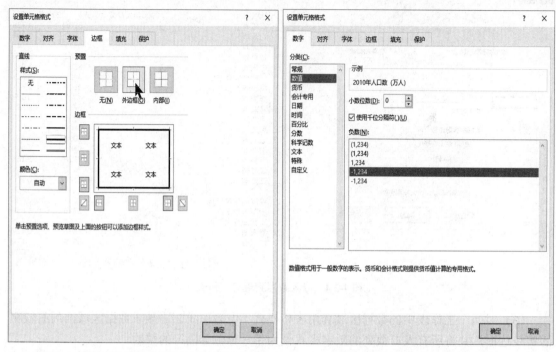

图 4-2-7 设置数据区域四周较粗的外框线　　　　图 4-2-8 设置千分位整数

（4）将两个工作表的"人口数（万人）"进行合并计算，结果放在一个名为"合并计算"的新工作表中，并且从左列 A1 单元格开始，A1 单元格的列标题为"地区"，合并计算结果显示 2000 年和 2010 年这两年的人口数（万人）之和。

提示：参与合并计算的数据区域应满足数据列表的条件且分别位于单独的工作表，合并计算在新的工作表中进行，同时确保参与合并计算的数据区域都具有相同的布局。

步骤1：创建一个新工作表"合并计算"，将鼠标放在 A1 单元格，单击"数据"选项卡→"数据工具"组→"合并计算"按钮，打开"合并计算"对话框。

步骤2：在该对话框的"函数"下拉列表框中，选择"求和"汇总函数。

步骤3：在"引用位置"文本框中单击右侧的按钮，然后在包含要对其进行合并计算的数据工作表中选择指定的"区域"。

提示：如果包含合并计算数据的工作表位于另一个工作簿中，可单击"浏览"按钮找到该工作簿，并选择相应的工作表区域。

步骤4：在选定了"引用位置"后，需要单击"添加"按钮。本实验中，需要添加两个工作表的指定数据进行合并计算，先选定"第五次普查数据"合并计算的区域，单击"添加"按钮后，再选定"第六次普查数据"，并添加到所有引用的位置区域中。

步骤5：在"标签位置"选项组下，按照需要勾选表示标签在源数据区域中所在位置的复选框，可以选一个，也可以两者都选。如果勾选"首行"或"最左列"复选框，Excel 则对相同的行标题或列标题中的数据进行合并计算。

步骤 6：本练习中，勾选"最左列"复选框，保证在相同"地区"下将 2000 年和 2010 年的人口数进行合并计算，如图 4-2-9 所示。

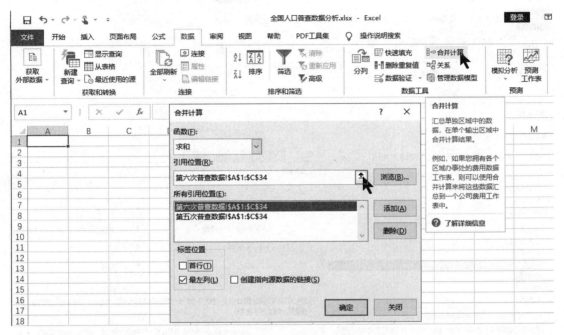

图 4-2-9 "合并计算"对话框

（5）将两个工作表内容合并，合并后的工作表放在新工作表"比较数据"中（自 A1 单元格开始），并且保持最左列仍为地区名称，A1 单元格中的列标题为"地区"，以"地区"为关键字对工作表"比较数据"进行升序排列。将直辖市（北京市、上海市、天津市、重庆市）的数据筛选出来。

步骤 1：首先创建一个新工作表"比较数据"，把工作表"第五次普查数据"的内容复制到"比较数据"从 A1 单元格开始的区域，最左列是"地区"。

步骤 2：把"第六次普查数据"工作表中 B1:C1 单元格区域的标题复制到"比较数据"工作表中的 D1:E1 单元格区域位置。为了保证在导入"第六次普查数据"时信息是按照"比较数据"A1 列——地区相对应的人口数和比重顺序进行的，将使用 VLOOKUP() 函数完成"2010 人口数（万人）"及"2010 年比重"列的输入。方法是选中 D2 单元格，插入 VLOOKUP() 函数，如图 4-2-10 所示。将 D2 单元格的公式复制到 E2 单元格，并将 VLOOKUP() 函数的第 3 个参数由"2"修改为"3"，即可完成"2010 年比重"列数据的输入。

步骤 3：设置"2010 人口数（万人）"和"2010 年比重"列数据的单元格格式，数据格式与 2000 年的相同。

步骤 4：以"地区"为关键字对工作表"比较数据"进行升序排列。

① 快速、简单排序。

首先选中"地区"列中任一单元格，在"数据"选项卡"排序和筛选"选项组中，

排序方式如图 4-2-11 所示。"主要关键字"为"地区","排序依据"为"单元格值","次序"为"升序"。

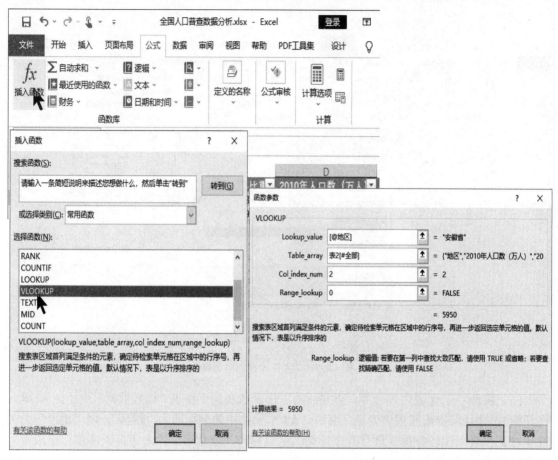

图 4-2-10 使用 VLOOKUP()函数完成表格数据的导入

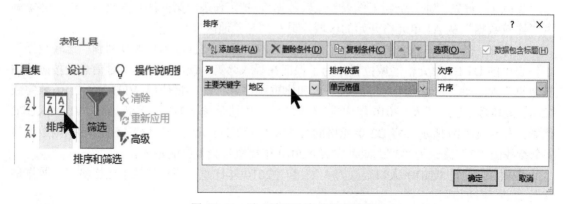

图 4-2-11 以"地区"为关键字排序

提示：排序所依据的数据列中的数据格式不同，排序方式也不同。
如果是对文本进行排序，则按字母顺序从 A 到 Z 升序、从 Z 到 A 降序。

如果是对数字进行排序，则按数字从小到大升序、从大到小降序。
如果是对日期和时间进行排序，则按从早到晚升序、从晚到早降序。

② 筛选数据。

通过筛选数据功能，可以快速地从数据列中查找符合条件的数据或者排除不符合条件的数据。筛选条件可以是数值或文本，也可以是单元格颜色，还可以根据需要构建复制条件，以实现高级筛选。

例如，对"比较数据"表进行筛选，在工作表的任一单元格单击，然后单击"筛选"按钮，进入自动筛选状态。当前数据表中的每个列标题旁均会出现一个筛选箭头。"地区"列的数据格式为文本，单击"数据"列旁边的筛选箭头后，选择"文本筛选"菜单，可以对文本数据进行"等于""不等于""开头是""结尾是""包含""不包含""自定义筛选"等设置。"人口数"和"比重"列的数据格式为数值，单击"数据"列旁边的"筛选"箭头后，选择"数字筛选"菜单可以对"数据"列进行"等于""不等于""大于""大于或等于"等筛选设置。如图 4-2-12 所示。

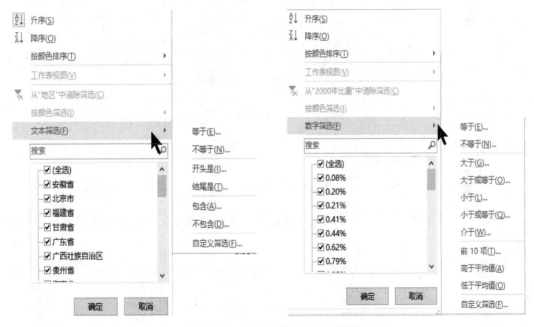

图 4-2-12　文本筛选和数字筛选

本练习是将"比较数据"表中直辖市（北京市、上海市、天津市、重庆市）的数据筛选出来。

步骤 1：在进行高级筛选之前，先进行条件设置。在 B36:B40 单元格区域输入"地区""北京市""上海市""天津市""重庆市"字段。

步骤 2：单击"数据"选项卡→"排序和筛选"组→"高级"按钮，进入"高级筛选"状态。

步骤 3：单击"列表区域"文本框右侧的向上箭头按钮，选择"比较数据"的全部区域，单击"条件区域"文本框右侧的向上箭头按钮，选择 B36:B40 单元格区域。

步骤 4：选中"将筛选结果复制到其他位置"单选按钮，在"复制到"文本框中单击右侧的向上箭头按钮，选择数据列表中 A42 空白单元格，筛选结果将从 A42 单元格开始向右向下填充，如图 4-2-13 所示。

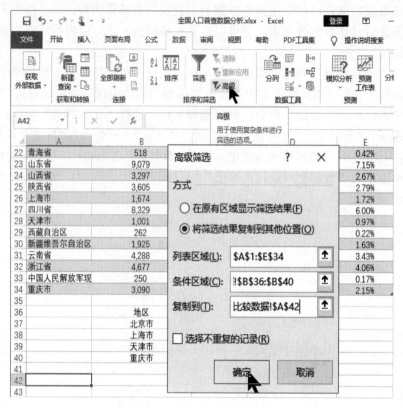

图 4-2-13　高级筛选设置

步骤 5：以上列表区域和条件区域设置好后，单击"确定"按钮，结果显示如图 4-2-14 所示。

42	地区	2000年人口数（万人）	2000年比重	2010年人口数（万人）	2010年比重
43	北京市	1,382	1.09%	1,961	1.46%
44	上海市	1,674	1.32%	2,302	1.72%
45	天津市	1,001	0.79%	1,294	0.97%
46	重庆市	3,090	2.44%	2,885	2.15%

图 4-2-14　"高级筛选"结果显示

清除工作表的所有筛选条件并重新显示所有行的方法是：单击"数据"选项卡→"排序和筛选"组→"清除"按钮即可。

（6）在合并后的工作表"比较数据"中的数据区域最右侧依次增加"人口增长数"和"比重变化"两列，计算这两列的值。其中，人口增长数=2010 年人口数 – 2000 年人口数；比重变化=2010 年比重 – 2000 年比重。

在工作表的 F 列和 G 列依次增加"人口增长数"和"比重变化"，并在计算值的单元格内输入公式，结果如图 4-2-15 所示。

图 4-2-15 "人口增长数"和"比重变化"列的公式

（7）打开工作簿"统计指标.xlsx"，将工作表"统计数据"插入正在编辑的文档"全国人口普查数据分析.xlsx"中的工作表"比较数据"的右侧。

在打开的"统计指标.xlsx"工作簿中右击，选中"统计数据"工作表标签名，在弹出的快捷菜单中选择"移动或复制"命令。在打开的"移动或复制工作表"对话框中选择当前正在编辑的文档"全国人口普查数据分析.xlsx"，同时选择放置位置为工作表"比较数据"之后，如图 4-2-16 所示。单击"确定"按钮，工作表"统计数据"即可复制到指定的工作簿中的指定位置。

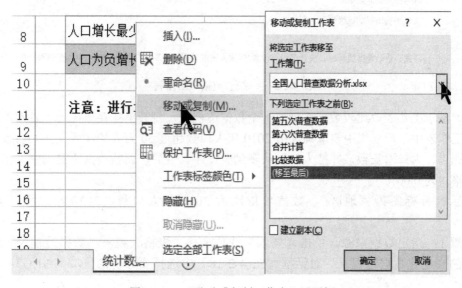

图 4-2-16 "移动或复制工作表"对话框

（8）在工作簿"全国人口普查数据分析.xlsx"的工作表"统计数据"中的相应单元格内填入统计结果。

步骤 1：在"统计数据"工作表 C3 单元格中选择"公式"选项卡中的"自动求和"公式，并选择"第五次普查数据"中的 B2:B34 单元格区域，按 Enter 键，计算结果为 2000 年的人口总数。

步骤 2：在"统计数据"工作表 D3 单元格中选择"公式"选项卡中的"自动求和"公式，

并选择“第六次普查数据”中的 B2:B34 单元格区域，按 Enter 键，计算结果为 2010 年的人口总数。

步骤 3：在“统计数据”工作表 D4 单元格中输入“=D3－C3”，按 Enter 键，计算结果为总增长人数。

步骤 4：根据“统计数据”工作表中的数据，利用排序直接找出人口最多、最少的地区，人口增长最多、最少的地区，人口负增长地区的数目，填写到“统计数据”工作表对应的单元格中，如图 4-2-17 所示。

C3 =SUM(表1_5[2000年人口数（万人）])

统计项目	2000年	2010年
总人数(万人)	126,583	133,973
总增长数(万人)	-	7,390
人口最多的地区	河南省	广东省
人口最少的地区	西藏自治区	西藏自治区
人口增长最多的地区	-	广东省
人口增长最少的地区	-	河北省
人口为负增长的地区数	-	6

注意：进行地区统计时，统计范围不包含“中国人民解放军现役军人”及“难以确定常住地”两类地区

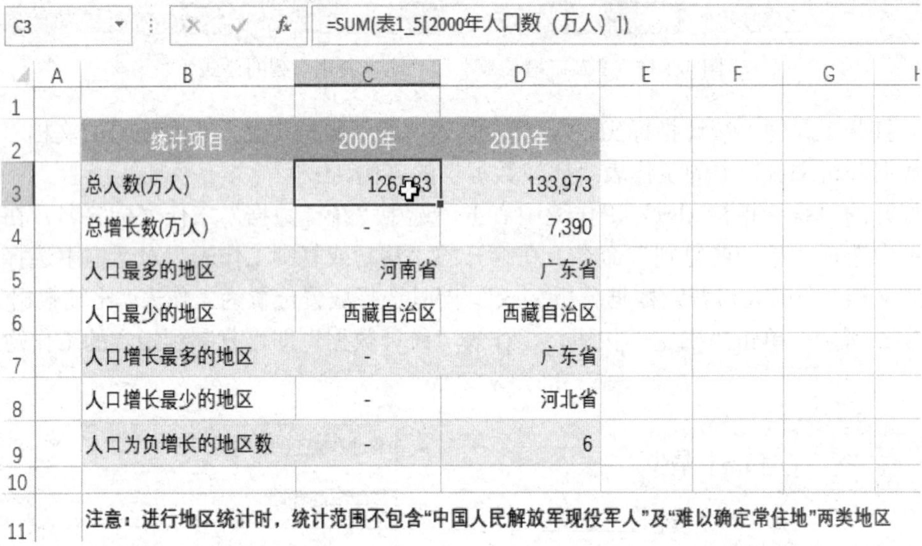

图 4-2-17 “统计数据”工作表

（9）基于工作表“比较数据”创建一个数据透视表，将其单独存放在一个名为“透视分析”的工作表中。透视表中要求筛选出 2010 年人口数超过 50 万人的地区及其人口数、2010 年所占比重、人口增长数，并按人口数从多到少排序。最后，调整数据透视表中求和项比重的数字格式为 0.00%。

提示：行标签为“地区”，数值项依次为 2010 年人口数、2010 年比重、人口增长数。

步骤 1：指定数据来源。单击“插入”选项卡→“表格”组→“数据透视表”按钮，在打开的“创建数据透视表”对话框（图 4-2-18）中选择要分析的区域（A1:G34 单元格区域）。

步骤 2：指定数据透视表存放的位置。在“创建数据透视表”对话框中，选中“新工作表”单选按钮，则数据透视表将放在新插入的工作表中。

提示：若选中“现有工作表”单选按钮，然后在“位置”文本框中指定放置数据透视表区域的第一个单元格，则数据透视表将放到已有工作表的指定位置。

以上操作完成后，Excel 会将空白数据透视表添加至指定位置，并在右侧显示“数据透视表字段”窗口，修改数据透视表的标签名为“透视分析”。

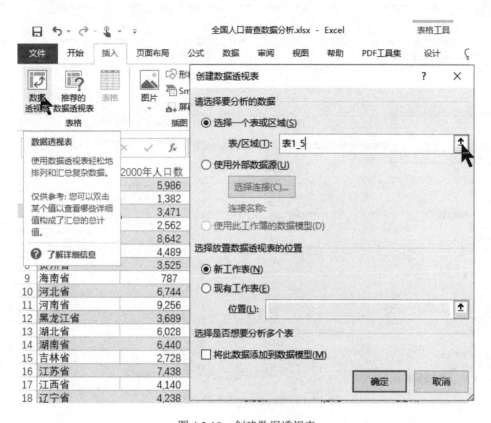

图 4-2-18 创建数据透视表

在"字段列表区"中勾选"地区""2010 年人口数（万人）""2010 年比重""人口增长数"复选框。按照题目要求，将"地区"拖到"布局区域"的"行"标签中，将"2010 年人口数（万人）""2010 年比重""人口增长数"拖到"值"标签中，如图 4-2-19 所示。

步骤 3：筛选出 2010 年人口数超过 5 000 万人的地区。单击"行标签"的下三角按钮，选择"值筛选"中的"大于"选项，如图 4-2-20 所示；在打开的"值筛选（地区）"对话框中设置"求和项：2010 年人口数（万人）"大于 5 000，如图 4-2-21 所示。

步骤 4：选中 B4 单元格，单击"数据"选项卡→"排序和筛选"组→"降序"按钮，即可按人口数从多到少排序。

步骤 5：调整数据透视表中求和项比重的数字格式为 0.00%。在透视表中或者透视表字段窗格中选中"求和项：2010 年比重"，右击，在弹出的快捷菜单中选择"值字段设置"命令；打开"值字段设置"对话框，在该对话框中单击"数字格式"按钮；打开"设置单元格格式"对话框，在该对话框的"数字"选项卡中的"分类"列表框中选择"百分比"选项，保留 2 位小数，如图 4-2-22 所示。

步骤 6：保存文档。

图 4-2-19　数据透视表中的字段设置

图 4-2-20　数据透视表中的值筛选

项目 4　数据处理软件——Excel 2016

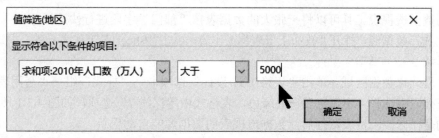

图 4-2-21　"值筛选（地区）"对话框

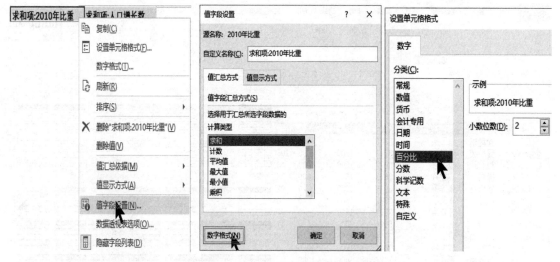

图 4-2-22　数据透视表中的值字段设置

实训 4.3　Excel 表格拆分和打印——制作工资表

 实训目的

掌握利用数据透视表将一张表拆分成多张表的方法。
学会对大型数据表进行打印设置。

 实训内容

1. 按部门拆分公司员工工资表。
2. 打印公司员工工资表，要求打印成工资条的样式，并且要有页眉/页脚和页码。

 实训步骤

1. 按部门拆分公司员工工资表。

- 95 -

利用数据透视表工具可以将一张大的数据表按"部门"字段进行快速拆分。

（1）选择数据源。打开"教师工资表"工作簿，单击"Sheet1"工作表标签，框选A1:H60单元格区域。

（2）格式化数据区域。单击"表格工具/设计"选项卡→"样式"组→"套用表格格式"按钮，在列表中选择"中等色"→"绿色，表格式中等深浅7"选项，如图4-3-1所示。这样操作目的是在修改工资表数据后，数据透视表的数据源能自动更新。

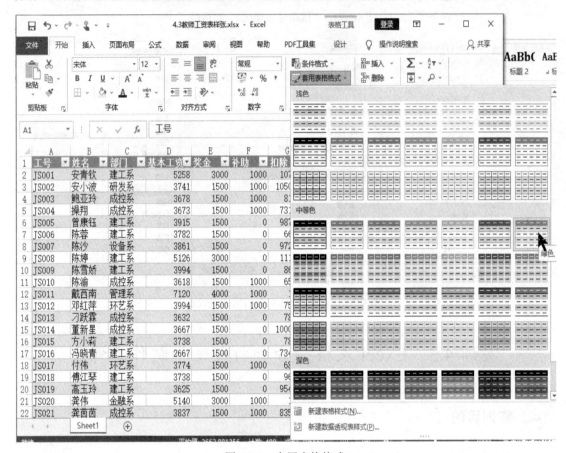

图4-3-1 套用表格格式

（3）创建数据透视表。

步骤1：选中A2:H60单元格区域，单击"插入"选项卡→"表格"组→"数据透视表"，在"创建数据透视表"对话框中，选中"选择放置数据透视表的位置"选项下的"现有工作表"，并将"位置"定位在当前工作表的J2单元格，单击"确定"按钮，如图4-3-2所示。

步骤2：在窗口右侧的"数据透视表字段"对话框中，分别右击除"部门"字段以外的其他字段，然后在右键菜单中选择"添加到行标签"选项或者直接将"部门"以外的字段拖到"行"区域，如图4-3-3所示。

步骤3：将"部门"字段拖到"筛选"区域，由于这里不需要统计数据，所以"列"和"值"区域都不需要字段，将"列"和"值"区域出现的字段删除，如图4-3-4所示。此时的数据透视表如图4-3-5所示。

项目 4　数据处理软件——Excel 2016

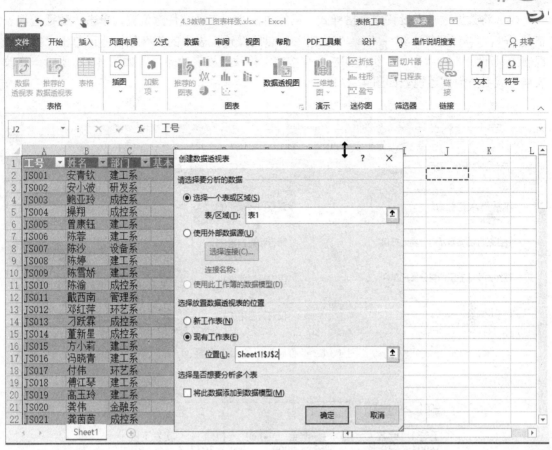

图 4-3-2　插入数据透视表

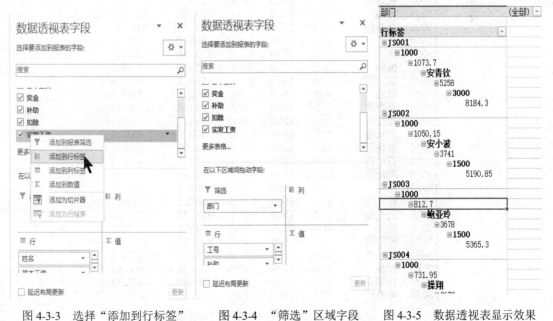

图 4-3-3　选择"添加到行标签"　　图 4-3-4　"筛选"区域字段　　图 4-3-5　数据透视表显示效果

- 97 -

（4）将数据透视表设置成表格样式。鼠标单击透视表区域任意位置，单击"数据透视表工具/分析"→"显示"组→"+/-"按钮，以隐藏透视表中的折叠按钮；再单击"数据透视表工具/设计"→"布局"组的相应命令按钮，修改透视表的布局，如图 4-3-6 所示。修改表格样式后的数据透视表如图 4-3-7 所示。

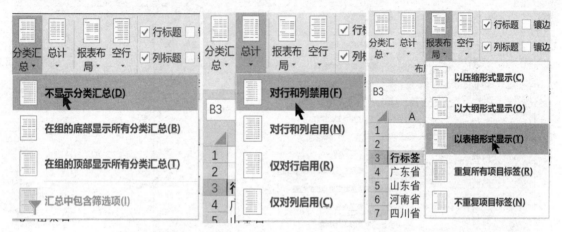

图 4-3-6 "布局"组的命令设置

部门	(全部)				
工号	姓名	基本	奖金	补助	扣除	实发工资
JS001	安青钦	5258	3000	1000	1073.7	8184.3
JS002	安小波	3741	1500	1000	1050.15	5190.85
JS003	鲍亚玲	3678	1500	1000	812.7	5365.3
JS004	操翔	3673	1500	1000	731.95	5441.05
JS005	曾康钰	3915	1500	0	987.25	4427.75
JS006	陈蓉	3782	1500	0	668.3	4613.7
JS007	陈沙	3861	1500	0	972.15	4388.85
JS008	陈婷	5126	3000	0	1116.9	7009.1
JS009	陈雪娇	3994	1500	0	869.1	4624.9
JS010	陈渝	3618	1500	1000	652.7	5465.3
JS011	戴西南	7120	4000	1000	1458	10662
JS012	邓红萍	3994	1500	1000	757.1	5736.9
JS013	刁跃霖	3632	1500	0	782.8	4349.2
JS014	董新星	3667	1500	0	1000.05	4166.95
JS015	方小莉	3738	1500	0	787.7	4450.3
JS016	冯晓青	2667	1500	0	734.05	3432.95
JS017	付伟	3774	1500	1000	682.1	5591.9
JS018	傅江琴	3738	1500	0	963.7	4274.3
JS019	高玉玲	3625	1500	0	954.75	4170.25
JS020	龚伟	5140	3000	1000	1209	7931
JS021	龚茵茵	3837	1500	1000	835.55	5501.45
JS022	郭沙沙	3624	1500	0	669.6	4454.4
JS023	郭巍	3729	1500	1000	903.35	5325.65
JS024	郭雅芸	3959	1500	0	1026.85	4432.15
JS025	何山英	3957	1500	1000	925.55	5531.45

图 4-3-7 修改表格样式后的数据透视表

（5）按"部门"拆分表格。选中 A27 单元格中的"部门"，单击"数据透视表工具/分析"→"数据透视表"组→"选项"下拉菜单→"显示报表筛选页…"命令，打开"显示报表筛选页"对话框，单击"确定"按钮后，如图 4-3-8 所示；在工作簿中按"部门"拆分成了多个工作表，如图 4-3-9 所示。

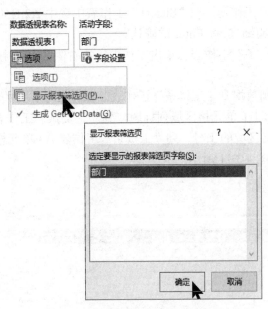

图 4-3-8 "显示报表筛选页"设置

（6）选中所有部门的工作表。从图 4-3-9 中可以看到，拆分出的工作表是连续排列的，所以单击第一张"成控系"表标签后，按住 Shift 键并单击最后一张"营销系"工作表标签，就选中了所有部门的工作表，这时在单元格中进行编辑，则是同时编辑所选中的所有工作表的同一地址的单元格。

（7）统一添加表格标题。单击行号"1"，在右键菜单中选择"插入"，在新插入行的 A1 单元格中输入公式"=B2&"的工资明细表""，再选中 A1:G1 单元格区域，执行"合并后居中"命令，设置字号为"18"，字形"加粗"。

（8）统一美化各部门工资表。选中第 2、3 行，执行右键菜单中的"隐藏"命令，选中数据表的列标题行 A4:G4，套用一种单元格样式。单击各部门的表标签，查看各部门工资表，如图 4-3-10 所示。

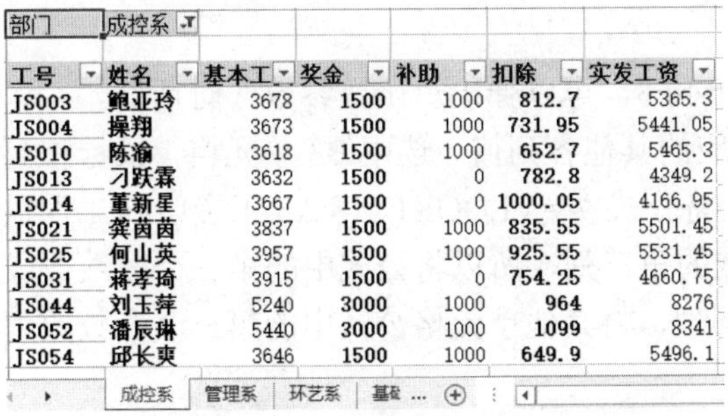

图 4-3-9 按"部门"拆分的多个工作表　　　　图 4-3-10 统一编辑美化的各部门工作表

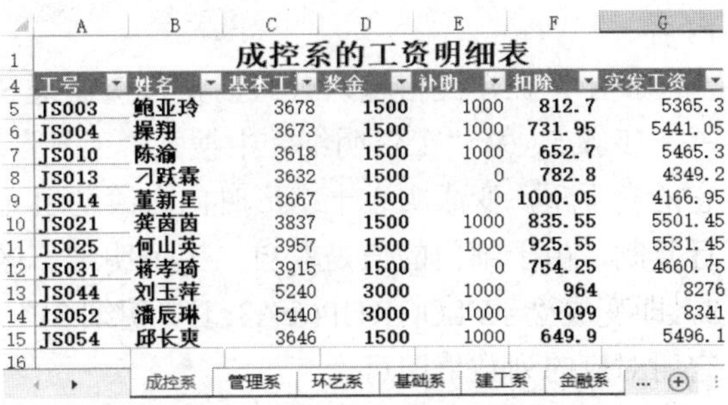

2. 打印公司员工工资表。

要求打印成工资条的样式，并且要有页眉/页脚和页码。

（1）制作"工资条"。

步骤 1：给数据区域定义名称。为便于后面公式的引用，给工资表数据区域定义一个名称。打开"教师工资表"工作簿，在"Sheet1"工作表中选中 A2:H60 单元格区域，在编辑栏的名称框中输入"工资明细"，按 Enter 键确认。

步骤 2：插入"工资条"工作表。单击工作表标签右侧的 ⊕ 按钮，插入一张新工作表，命名为"工资条"。

步骤 3：排序并复制数据到"工资条"工作表。以"工号"为关键字，"升序"排序工资明细数据表后，复制 A1:H1 单元格区域列标题，到"工资条"工作表中的 A2 单元格进行粘贴；复制 A2:A60 单元格区域的工号，到"工资条"工作表 A3 单元格中以"粘贴值"的方式粘贴。粘贴后的效果如图 4-3-11 所示。

图 4-3-11 粘贴后的效果

步骤 4：从"工资明细"中搜索"工号"对应的"姓名"。在"工资条"工作表中的 B3 单元格中插入搜索函数"VLOOKUP"，参数如图 4-3-12 所示。单击"确定"按钮后，B3 单元格中的公式为"=VLOOKUP(&A3,工资明细,2)"，值为"安青钦"，公式的含义是：根据 A3 单元格的值，在"工资明细"区域查找到的行中取第 2 列内容。

提示：在单元格输入公式后，按快捷键 Shift+F3，可以弹出"函数参数"对话框。

步骤 5：从"工资明细"中搜索"工号"对应的其他各列值。选中 B3 单元格，鼠标移到它的右下角，变成实心十字形时向右滚动填充，将公式"=VLOOKUP(&A3,工资明细,2)"进行复制，由于部门的值是取自"工资明细"区域的第三列，所以将公式中的第三个参数改成 3，即变成"=VLOOKUP(&A3,工资明细,3)"。同理，将其他单元格公式中的第三个参数改为它所对应的列数值即可。

项目 4　数据处理软件——Excel 2016

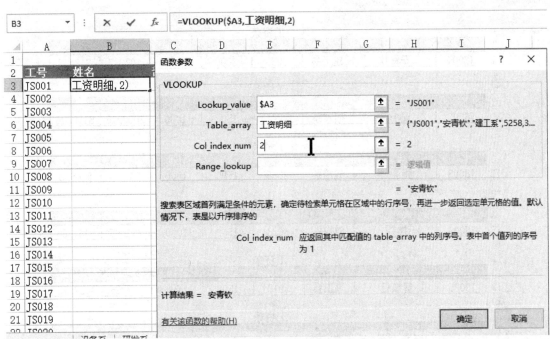

图 4-3-12　VLOOKUP 的"函数参数"对话框

提示：上述操作也可以通过复制 B3 单元格，选择性粘贴公式的方法进行操作。修改公式参数的方法相同。

步骤 6：清除所有格式。如果复制数据时带了格式，可以单击工作表左上角，即行标与列标交叉处的 ◢ 按钮，选中整张工作表的单元格，单击"开始"选项卡→"编辑"组→"清除"按钮，在下拉菜单中选择"清除格式"。

步骤 7：插入标题行并格式化第一条数据。在 A1 单元格中输入"工资条"，并选中 A1:H1 单元格区域，合并后居中；单击行号 4，在右键菜单中选择"插入"命令，即在第 4 行之前插入一行；对 A1:H4 单元格区域的字体、单元格进行格式美化，效果如图 4-3-13 所示。

	A	B	C	D	E	F	G	H
1				工资条				
2	工号	姓名	部门	基本工资	奖金	补助	扣除	实发工资
3	JS001	安青钦	建工系	5258	3000	1000	1073.7	8184.3
4								
5	JS002							

图 4-3-13　每个工资条效果

步骤 8：选中 A1:H4 单元格区域，将鼠标移到右下角，变成实心十字形时向下填充，直到出现最后一个员工的信息为止，工资条即制作完成。效果如图 4-3-14 所示。

（2）页面设置。

页面设置包括打印方向、缩放比例、纸张大小及打印的起始页码的设置。

步骤 1：打开"页面设置"对话框。单击"页面布局"→"页面设置"功能组右下角的"对话框启动器"按钮，打开"页面设置"对话框，如图 4-3-15 所示。

信息技术基础实训指导

	A	B	C	D	E	F	G	H
1	工资条							
2	工号	姓名	部门	基本工资	奖金	补助	扣除	实发工资
3	JS001	安青钦	建工系	5258	3000	1000	1073.7	8184.3
4								
5	工资条							
6	工号	姓名	部门	基本工资	奖金	补助	扣除	实发工资
7	JS002	安小波	研发系	3741	1500	1000	1050.15	5190.85
8								
9	工资条							
10	工号	姓名	部门	基本工资	奖金	补助	扣除	实发工资
11	JS003	鲍亚玲	成控系	3678	1500	1000	812.7	5365.3
12								
13	工资条							
14	工号	姓名	部门	基本工资	奖金	补助	扣除	实发工资
15	JS004	操翔	成控系	3673	1500	1000	731.95	5441.05
16								
17	工资条							
18	工号	姓名	部门	基本工资	奖金	补助	扣除	实发工资
19	JS005	曾康钰	建工系	3915	1500	0	987.25	4427.75
20								
21	工资条							
22	工号	姓名	部门	基本工资	奖金	补助	扣除	实发工资

图 4-3-14　工资条效果

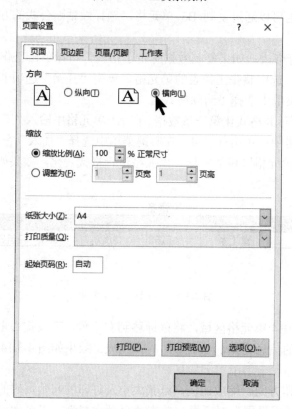

图 4-3-15　"页面设置"对话框

步骤 2：设置打印页面。选择"横向"打印、"100%"正常尺寸、纸张尺寸"A4"、起始页码"自动"。

（3）页边距设置。

步骤 1：在图 4-3-16 所示的"页面设置"对话框中，单击"页边距"选项卡。

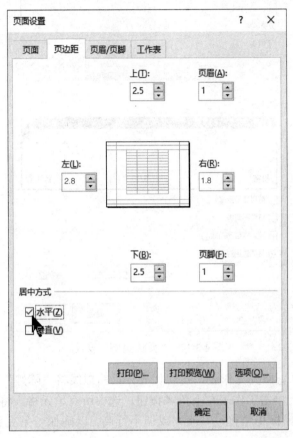

图 4-3-16　页边距设置

步骤 2：考虑到需要设置页眉/页脚，设置上、下页边距各为 2.5 厘米。

步骤 3：考虑到需要左侧装订，设置左、右页边距分别为 2.8 厘米和 1.8 厘米。

步骤 4：设置"页眉""页脚"边界，均为 1 厘米。

步骤 5：当要打印的表格高或宽小于纸张打印区域时，可以设置居中方式，勾选"水平"复选框。

（4）设置"页眉/页脚"。

包括设置页眉和页脚的内容及其在页面上的位置。

步骤 1：在图 4-3-16 所示的"页面设置"对话框中，单击"页眉/页脚"选项卡。

步骤 2：设置"页眉"。在页眉右侧的下拉按钮中选择"工资条"。

步骤 3：设置"页脚"。在"页眉/页脚"选项卡中"页脚"选项下方的下拉列表框中选择"机密，2021/5/18，第 1 页"选项，如图 4-3-17 所示。最后单击"确定"按钮，完成页眉/页脚的设置。

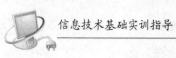

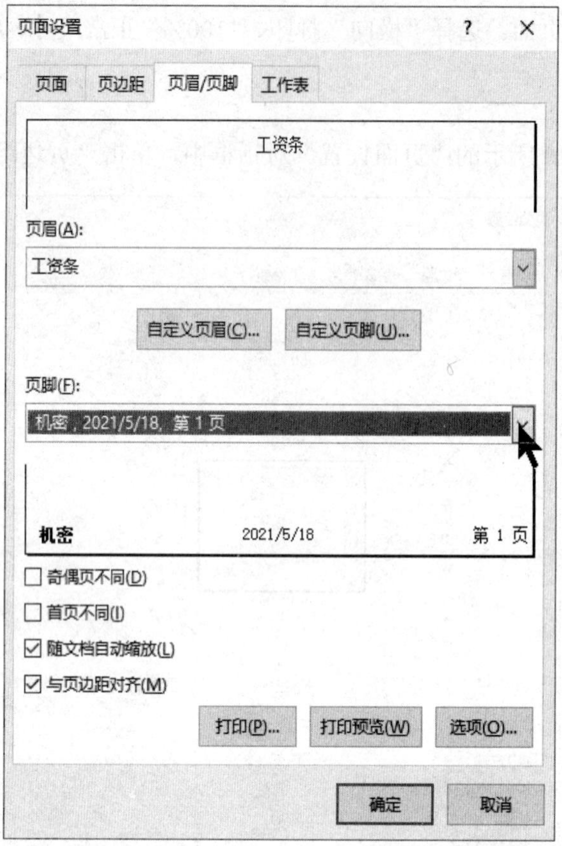

图 4-3-17 "页眉/页脚"设置

步骤4：调整分页。回到工作表，发现代表分页的虚线将"陈婷"等工资条分在了两页上，如图 4-3-18 所示。单击工作表左上角◢按钮，选中所有单元格，将鼠标移到行号之间，出现十字光标时按下鼠标稍稍拖动，调大或调小行高，以确保一条完整的信息在同一个页面上。

	B	C	D	E	F	G	H	I	J	K	L	M
22	姓名	部门	基本工资	奖金	补助	扣除	实发工资					
23	陈蓉	建工系	3782	1500	0	668.3	4613.7					
24												
25			工资条									
26	姓名	部门	基本工资	奖金	补助	扣除	实发工资					
27	陈沙	设备系	3861	1500	0	972.15	4388.85					
28												
29			工资条									
30	姓名	部门	基本工资	奖金	补助	扣除	实发工资					
31	陈婷	建工系	5126	3000	0	1116.9	7009.1					
32												
33			工资条									
34	姓名	部门	基本工资	奖金	补助	扣除	实发工资					
35	陈雪娇	建工系	3994	1500	0	869.1	4624.9					
36												

图 4-3-18 查看分页位置

步骤5：预览打印效果。单击"文件"菜单→"打印"命令，或再次打开"页面设置"对话框，单击"打印预览"按钮，打印预览效果如图 4-3-19 所示。

工资条						
工号	姓名	部门	基本工资	奖金	补助	扣除
JS001	安青钦	建工系	5258	3000	1000	1073.7

工资条						
工号	姓名	部门	基本工资	奖金	补助	扣除
JS002	安小波	研发系	3741	1500	1000	1050.15

工资条						
工号	姓名	部门	基本工资	奖金	补助	扣除
JS003	鲍亚坽	成控系	3678	1500	1000	812.7

工资条						
工号	姓名	部门	基本工资	奖金	补助	扣除
JS004	探翔	成控系	3673	1500	1000	731.95

工资条						
工号	姓名	部门	基本工资	奖金	补助	扣除
JS005	曾康钰	建工系	3915	1500	0	987.25

工资条						
工号	姓名	部门	基本工资	奖金	补助	扣除
JS006	陈容	建工系	3782	1500	0	668.3

工资条						
工号	姓名	部门	基本工资	奖金	补助	扣除
JS007	陈沙	设备系	3861	1500	0	972.15

工资条						
工号	姓名	部门	基本工资	奖金	补助	扣除
JS008	陈婷	建工系	5126	3000	0	1116.9

工资条						
工号	姓名	部门	基本工资	奖金	补助	扣除
JS009	陈雪娇	建工系	3994	1500	0	869.1

工资条						
工号	姓名	部门	基本工资	奖金	补助	扣除
JS010	陈涌	成控系	3618	1500	1000	652.7

图 4-3-19 打印预览效果

（5）设置工作表。

如果公司员工多，数据表就会很大，在打印前需要进行工作表设置，主要包括设置打印的区域、打印的标题、网格和打印顺序。

步骤 1：单击"页面设置"对话框中的"工作表"选项卡，如图 4-3-20 所示。

步骤 2：打印区域。当只要求打印工作表中的局部数据区域时，可以将其设置成"打印区域"，方法是：在"工作表"选项卡中单击"打印区域"右侧的全按钮⬆，选择表中需要打印的区域；或者在工作表中选中要打印的数据区域后，单击"页面布局"选项卡→"页面设置"组→"打印区域"→"设置打印区域"命令。

步骤 3：打印标题。一张大的数据表在打印时可能会被分为多页，要想每页打印出来的表都有对应的列标题或包含左侧几个列，操作方法是：在图 4-3-20 所示的"工作表"选项卡中，单击"顶端标题行"右侧的全按钮，在数据表中选择标题所对应的行；单击"从左侧重复的列数"框右侧的全按钮，在数据表中选择列，如"工号"和"姓名"列。

图 4-3-20 "工作表"选项卡

步骤 4：设置打印的其他选项。如果没有对数据表设置边框，又需要打印出网格，则勾选"网格线"复选框；若勾选了"行和列标题"，则会打印出工作表的行号及列标题。

步骤 5：设置打印顺序。当数据表被从中间分页时，可以设置"先列后行"或"先行后列"打印，具体根据装订后浏览数据方便来设置。

项目 5
演示文稿制作软件——PowerPoint 2016

实训 5.1　幻灯片基本制作——制作销售策划

 实训目的

掌握文本的编辑技巧。
掌握艺术字的添加与编辑技巧。
掌握图片、剪贴画、图形的添加与编辑技巧。
掌握 SmartArt 图形的添加与编辑技巧。
掌握表格的添加与编辑技巧。
掌握音频文件的添加与编辑技巧。

 实训内容

打开"冰糖橙销售策划.pptx",完成如下操作:
1. 设置文本格式。
在第 3 张幻灯片中将第 2、4、6、8、10 段正文文本降级,然后设置降级文本的字体格式为"楷体""加粗""22 号",设置未降级文本的颜色为"红色"。
2. 插入图片。
在第 5 张幻灯片中插入"橙子切开"图片,缩放后放在幻灯片右下角,再删除背景,并设置图片发光效果为"发光 18 磅"。
3. 插入联机图片。
插入"云南风光"联机图片,进行图片剪贴,将图片样式设置为"柔化边缘椭圆",将文本字体颜色设置为"橙色"。
4. 插入 SmartArt 图形。
(1)在第 6 张幻灯片中新建一个"齿轮"SmartArt 图形,并输入文字。
(2)在第 7 张幻灯片中新建一个"步骤上移流程"SmartArt 图形,并输入文字。
(3)在第 8 张幻灯片中插入"射线列表"SmartArt 图形,并输入文字。
5. 插入自选图形。
在第 8 张幻灯片中插入"射线列表"SmartArt 图形,左侧插入"十字箭头"标注图形,输入文字,设置形状轮廓为"无轮廓",并调整大小和位置。

6. 插入表格。

在第 9 张幻灯片中制作 5 行 2 列的表格，将素材中的文字复制粘贴到表格之中；将表格中文字行距设置为"1.5 倍行间距"，字号为"22 号"；将表格第 1 列文字文本设置为"加粗"。

7. 插入媒体文件。

在第 1 张幻灯片中插入一个跨幻灯片循环播放的音乐文件"背景音乐"，并设置声音图标在播放时不显示。

8. 插入艺术字。

在第 10 张幻灯片中插入一个样式为"艺术字样式"第 3 行第 3 列样式的艺术字"橙心橙意　橙味十足"。

实训步骤

1. 设置文本格式。

在第 3 张幻灯片中将第 2、4、6、8、10 段正文文本降级，然后设置降级文本的字体格式为"楷体""加粗""22 号"，设置未降级文本的颜色为"红色"。

步骤 1：按 Ctrl 键，选中 3 张幻灯片中的第 2、4、6、8、10 段正文文本，按 Tab 键，将选择的文本降低一个等级，然后将字体格式设置为"楷体""加粗""22 号"。

步骤 2：选择未降级的 5 段文本，设置字体颜色为红色，如图 5-1-1 所示。

2. 插入图片。

在第 5 张幻灯片中插入"橙子切开"图片，缩放后放在幻灯片右下角，再删除背景，并设置图片发光效果为"发光 18 磅，橙色，主题色 3"，如图 5-1-2 所示。

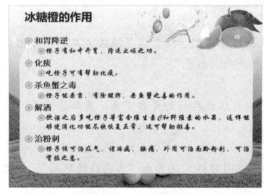
图 5-1-1　设置文本

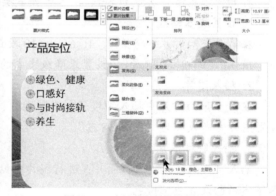
图 5-1-2　插入图片及设置

3. 插入联机图片。

插入"云南风光"联机图片，进行图片剪贴，将图片样式设置为"柔化边缘椭圆"，将文本字体颜色设置为"橙色"。

步骤 1：在第 4 张幻灯片中插入联机图片"云南风光"，如图 5-1-3 所示。

步骤 2：剪贴照片上部蓝天部分，将图片至于文字底层。

步骤 3：将图片样式设置为"柔化边缘椭圆"，如图 5-1-4 所示。

步骤 4：将文本字体颜色设置为"橙色"。

项目 5　演示文稿制作软件——PowerPoint 2016

图 5-1-3　插入联机图片

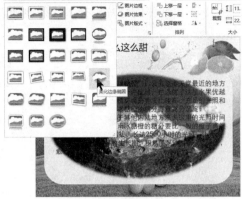

图 5-1-4　图片样式设置

4. 插入 SmartArt 图形。

（1）在第 6 张幻灯片中新建一个"齿轮"SmartArt 图形，并输入文字，如图 5-1-5 所示。

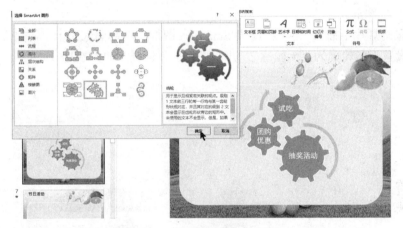

图 5-1-5　"齿轮"SmartArt 图形

（2）在第 7 张幻灯片中新建一个"步骤上移流程"SmartArt 图形，并输入文字，如图 5-1-6 所示。

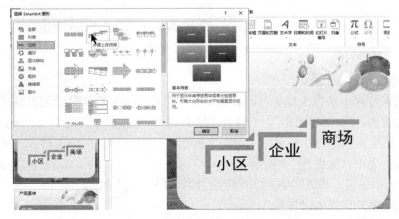

图 5-1-6　"步骤上移流程"SmartArt 图形

（3）在第 8 张幻灯片中插入"射线列表"SmartArt 图形，并输入文字，如图 5-1-7 所示。

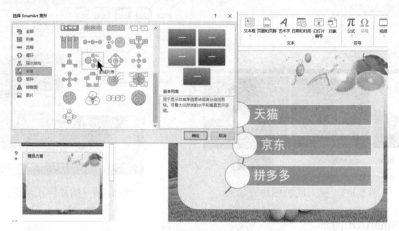

图 5-1-7 "射线列表"SmartArt 图形

5. 插入自选图形。

在第 8 张幻灯片中插入"射线列表"SmartArt 图形，左侧插入"十字箭头"标注图形，输入文字，设置形状轮廓为"无轮廓"，并调整大小和位置，如图 5-1-8 所示。

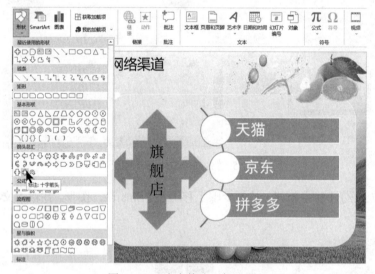

图 5-1-8 "十字箭头"标注图形

6. 插入表格。

在第 9 张幻灯片中制作 5 行 2 列的表格，将素材中的文字复制粘贴到表格之中；将表格中文字行距设置为"1.5 倍行间距"，字号为"22 号"；将表格第 1 列文字文本设置为"加粗"。

步骤 1：在第 9 张幻灯片中单击"图表"按钮，插入 5 行 2 列的表格，将素材中的文字复制粘贴到表格之中，如图 5-1-9 所示。

步骤 2：选中表格，将表格中文字行距设置为"1.5 倍行间距"，字号为"22 号"；将表格第 1 列文字文本格式设置为"加粗"。

步骤 3：选中第 9 张幻灯片，用鼠标拖至第 5 页位置。

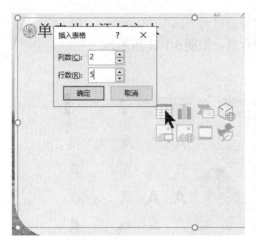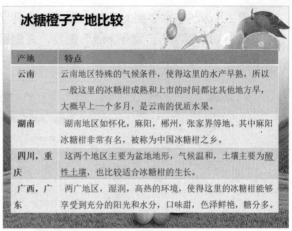

图 5-1-9　插入表格及表格设置

7. 插入媒体文件。

在第 1 张幻灯片中插入一个跨幻灯片循环播放的音乐文件"背景音乐",并设置声音图标在播放时不显示。

步骤 1:单击"插入"选项卡→"媒体"组→"音频"→"文件中的音频",选择正确的文件路径,选择"背景音乐",单击"插入"按钮,在幻灯片中自动插入一个声音图标。

步骤 2:选择声音图标,在"音频工具/播放"选项卡→"音频选项组"组进行音频播放设置,如图 5-1-10 所示。

图 5-1-10　音频文件设置

8. 插入艺术字。

在第 10 张幻灯片中插入一个样式为"艺术字样式"第 4 行第 3 列样式的艺术字"橙心橙意　橙味十足"。

步骤 1:在第 10 张幻灯片中插入一个样式为"艺术字样式"第 4 行第 3 列样式的艺术字"橙心橙意　橙味十足"。

步骤 2：移动艺术字到幻灯片中上部，将其字号设置为"66"。
步骤 3：插入"橙子-盘子.png"图片，并删除背景，如图 5-1-11 所示。
步骤 4：保存演示文稿。

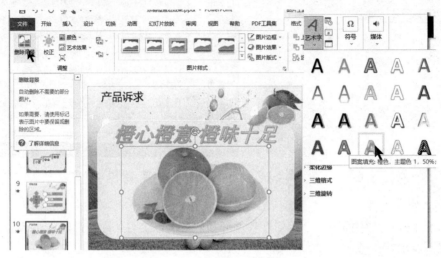

图 5-1-11　插入艺术字及图片效果

实训 5.2　幻灯片交互设置——设置人物简介

 实训目的

掌握幻灯片主题的使用技巧。
掌握幻灯片背景的设置技巧。
掌握幻灯片母版的使用方法。
掌握幻灯片切换效果的设置方法。
掌握对象的自定义动画设置方法。

 实训内容

打开"杂交水稻之父.pptx"，完成如下操作：
1. 应用幻灯片主题。
为演示文稿应用"水滴"主题，主题"颜色"设置为"紫红色"。
2. 制作并使用幻灯片母版。
（1）仅保留"水滴"主题母版，删除"标题幻灯片版式"和"标题和内容版式"幻灯片中的水滴背景图片。
（2）设置幻灯片为"16:9"的宽屏模式。
（3）在"幻灯片"浏览窗格中选中第 2 张"标题幻灯片版式"母版，插入"背景.jpg"图片,右击图片,选择"置于底层"选项。将标题文本字体格式设置为"黑体""60号""白色",副标题文本字号设置为"40号""白色""加粗"。

(4)在"标题和内容版式"母版幻灯片中,插入"标题内容.jpg"图片,并置于底层;将内容文本框中一级标题文本的字号设置为"24",将所有文本前面的项目符号设置为"无";标题文本框和内容文本框里面的文本字体颜色都设置为"白色"。

(5)插入"肖像画"图片并删除图片的背景。

(6)设置幻灯片的页眉页脚效果,退出母版视图。

3. 应用幻灯片版式。

将第2~13张幻灯片的版式设置为"标题和内容"。

4. 取消隐藏背景图形。

取消隐藏第5~9张幻灯片的背景图形。

5. 幻灯片图片、文本框、字体大小修改设置。

删除第5~8张幻灯片中的标题和内容文本框;调整各幻灯片中的图片和文本框大小、位置,以及字体颜色。

6. 设置幻灯片切换动画效果。

为所有幻灯片设置"随机线条"切换效果,设置"切换声音"为"照相机","持续时间"为"01.50","设置自动换片时间"为"00:06.00"。

7. 设置幻灯片动画效果。

(1)为第1张幻灯片中的标题设置"轮子"动画,并设置效果为"4轮辐图案"。

(2)为第1张幻灯片中的标题文本添加一个名为"对象颜色"的强调动画,修改效果为红色,动画开始方式为"上一动画之后","持续时间"为"01.00","延时"为"00.50"。

(3)为副标题添加"基本缩放"动画,效果为"从屏幕中心放大",动画开始方式为"上一动画之后","持续时间"为"01.50","延时"为"00.50"。

(4)将第2、4张幻灯片标题和内容都设置为"华丽-挥鞭式"进入型动画效果。

(5)将第3张幻灯片标题和内容设置为"淡化"进入效果,将右侧图片设置为"特殊"组"飘扬形"动作路径效果,将左侧图片设置为"旋转"退出动画效果。

(6)为第5张幻灯片添加"向内溶解"进入动画效果和"向外溶解"退出动画效果,进入和退出动画的"开始方式"都设置为"上一动画之后","持续时间"为"02.00"。

(7)为第6、7、8张幻灯片的图片添加"缩放"进入动画效果和"透明"强调动画效果,进入和退出动画开始方式都设置为"上一动画之后","持续时间"为"01.00",为文本框添加"旋转"进入效果,动画开始方式都设置为"与上一动画同时","持续时间"为"02.00"。

(8)为第9张幻灯片添加"形状"进入动画效果,"持续时间"为"05.00";文本框添加"字幕式"进入效果,"持续时间"为"10.00"。

(9)为第13页幻灯片左侧图片添加"自定义路径"动作路径,为文本框内容添加"空翻"华丽型进入动画效果和"下划线"强调动画效果。

8. 隐藏幻灯片。

隐藏第10、11、12张幻灯片。

实训步骤

1. 应用幻灯片主题。

为演示文稿应用"水滴"主题,主题"颜色"设置为"紫红色"。

步骤 1:打开"杂交水稻之父.pptx"演示文稿,单击"设计"选项卡→"主题"组下拉按钮→"水滴"选项,为该演示文稿应用"水滴"主题,如图 5-2-1 所示。

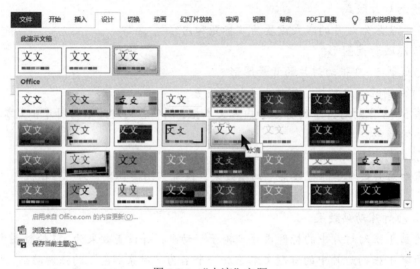

图 5-2-1 "水滴"主题

步骤 2:单击"设计"选项卡→"变体"组下拉按钮,单击"颜色"按钮,选择"紫红色"选项,如图 5-2-2 所示。

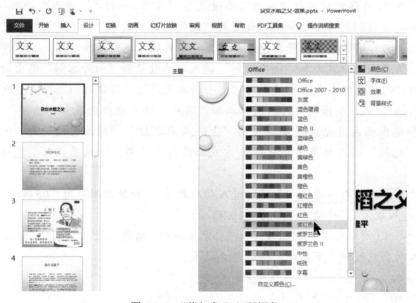

图 5-2-2 "紫红色"主题颜色

2. 制作并使用幻灯片母版。

（1）仅保留"水滴"主题母版，删除"标题幻灯片版式"和"标题和内容版式"幻灯片中的水滴背景图片。单击"视图"选项卡→"母版视图"组→"幻灯片母版"按钮，切换至母版视图状态，此时幻灯片/大纲浏览窗格中有 2 个母版，删除第一个母版，保留"水滴"主题母版；删除"标题幻灯片版式"和"标题和内容版式"幻灯片中的水滴背景图片。

（2）设置幻灯片为"16∶9"的宽屏模式。单击"幻灯片母版"选项卡→"大小"组→"幻灯片大小"按钮，选择"宽屏（16∶9）"选项，如图 5-2-3 所示。

图 5-2-3　幻灯片大小设置

（3）在"幻灯片"浏览窗格中选中第 2 张"标题幻灯片版式"母版，插入"背景.jpg"图片，右击图片，选择"置于底层"选项。将标题文本字体格式设置为"黑体""60 号""白色"，副标题文本字号设置为"40 号""白色""加粗"。调整标题和副标题文本框大小和位置，如图 5-2-4 所示。

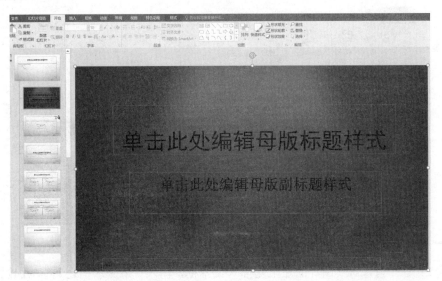

图 5-2-4　"标题"版式设置

（4）在"标题和内容版式"母版幻灯片中，插入"标题内容.jpg"图片，并置于底层；将内容文本框中一级标题文本的字号设置为"24"，将所有文本前面的项目符号设置为"无"；标题文本框和内容文本框里面的文本字体颜色都设置为"白色"，如图 5-2-5 所示。

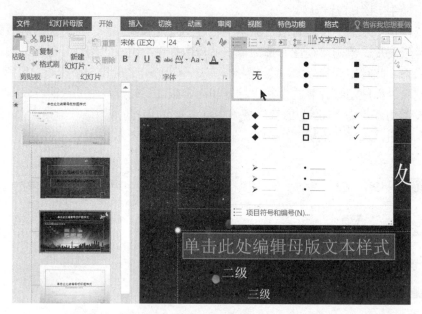

图 5-2-5 "标题和内容版式"设置

(5) 插入"肖像画"图片并删除图片的背景。

步骤 1：插入图片"肖像画"，单击"格式"选项卡→"调整"组→"删除背景"按钮，拖动图片边框调整线，单击"标记要保留的区域"按钮，在图片上标记要保留的位置，如图 5-2-6 所示，单击"保留更改"按钮，调整图片大小和位置。

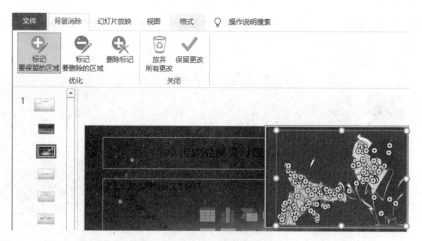

图 5-2-6 插入"肖像画"图片

步骤 2：在"肖像画"图片的左上侧插入文本框，输入"杂交水稻之父"，并设置"字体"为"华文隶书"，字号为"16"。

(6) 设置幻灯片的页眉页脚效果，退出母版视图。

步骤 1：单击"插入"选项卡→"文本"组→"页眉和页脚"按钮，单击"幻灯片"选项卡，勾选"日期和时间"复选框，选中"自动更新"单选项，勾选"幻灯片编号"复选框、"页脚"复选框和"标题幻灯片中不显示"复选框，最后单击"全部应用"按钮，如图 5-2-7

所示。

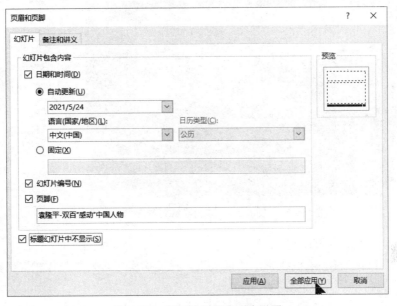

图 5-2-7　幻灯片页眉和页脚设置

步骤 2：选择母版中的第一张幻灯片，选中"页脚"和"幻灯片编号"占位符，将其移至底部边缘。

步骤 3：单击"幻灯片母版"选项卡→"关闭"组→"关闭母版视图"按钮，切换至普通视图模式，此时可发现设置已应用于各张幻灯片。

3. 应用幻灯片版式。

按住 Ctrl 键，选中第 2~13 张幻灯片，单击"开始"选项卡→"幻灯片"组→"版式"按钮，在下拉列表中选择"标题和内容"选项，如图 5-2-8 所示。

图 5-2-8　应用幻灯片版式

4. 取消隐藏背景图形。

选中第 5 张幻灯片，在窗口界面文本框以外空白处单击鼠标右键，在弹出的列表中选择"设置背景格式"选项，在窗口右侧打开"设置背景格式"窗格，取消勾选"隐藏背景图形"复选框，如图 5-2-9 所示。用同样的方法设置第 6~9 张幻灯片的背景。

5. 幻灯片图片、文本框及字体大小修改设置。

删除第 5~8 张幻灯片中的标题和内容文本框；调整各幻灯片中的图片和文本框大小、位置,以及字体颜色。

图 5-2-9　取消隐藏背景图形

6. 设置幻灯片切换动画效果。

为所有幻灯片设置"随机线条"切换效果,设置切换声音为"照相机","持续时间"为"01.50","设置自动换片时间"为"00:06.00"。

步骤 1:在"幻灯片"浏览窗格中按快捷键 Ctrl+A,选中演示文稿中的所有幻灯片,单击"切换"选项卡→"切换到此张幻灯片"组下拉按钮,选择"随机线条"切换效果。

步骤 2:单击"切换"选项卡→"切换到此张幻灯片"组→"效果选项"下拉按钮,在弹出的列表中选择"加号"选项,将设置应用到所有幻灯片中。

步骤 3:在"切换"选项卡→"计时"组中,将"声音"设置为"照相机","持续时间"为"01.50","设置自动换片时间"为"00:06.00",单击"应用到全部"按钮,如图 5-2-10 所示。

图 5-2-10　幻灯片切换动画

7. 设置幻灯片动画效果。

(1)为第 1 张幻灯片中的标题设置"轮子"动画,并设置效果为"4 轮辐图案",如图 5-2-11 所示。

图 5-2-11 4 轮辐图案

步骤 1：选择第 1 张幻灯片的标题，单击"动画"选项卡→"动画"组→"添加动画"下拉按钮，选择"进入"组下面的"轮子"动画效果。

步骤 2：单击"动画"选项卡→"动画"组→"效果选项"按钮，选择"4 轮辐图案"选项。

（2）为第 1 张幻灯片中的标题文本添加一个名为"对象颜色"的强调动画，修改效果为红色，动画开始方式为"上一动画之后"，"持续时间"为"01.00"，"延时"为"00.50"。

步骤 1：选择标题，单击"动画"选项卡→"高级动画"组→"添加动画"按钮，选择"强调"组的"对象颜色"选项，如图 5-2-12 所示。

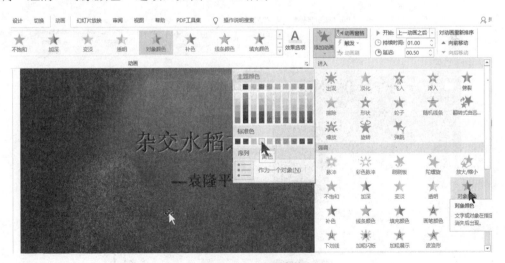

图 5-2-12 动画窗格

步骤 2：单击"动画"选项卡→"动画"组→"效果选项"按钮，选择"黄色"选项。

步骤 3：单击"动画"选项卡→"高级动画"组→"动画窗格"按钮，在工作界面右侧增加一个窗格，其中显示了当前幻灯片中所有对象已设置的动画；选择第 2 个选项，在"动画"选项卡"计时"组进行设置，在"开始"下拉列表框中选择"上一动画之后"选项，在

"持续时间"数值框中输入"01.00",在"延迟"数值框中输入"00.50"。

(3)为副标题添加"基本缩放"动画,并设置效果为"从屏幕中心放大",设置动画开始方式为"上一动画之后","持续时间"为"01.50","延时"为"00.50",如图5-2-13所示。

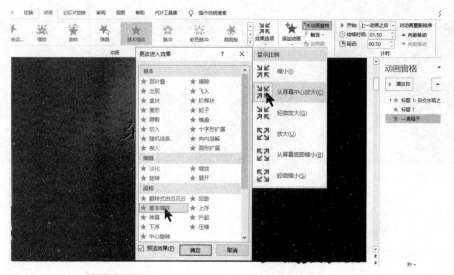

图 5-2-13 "基本缩放"动画效果设置

(4)将第2、4张幻灯片标题和内容都设置为"华丽-挥鞭式"进入型动画效果。

(5)将第3张幻灯片标题和内容设置为"淡化"进入效果,将右侧图片设置为"特殊"组"飘扬形"动作路径效果,将左侧图片设置为"旋转"退出动画效果,如图5-2-14所示。

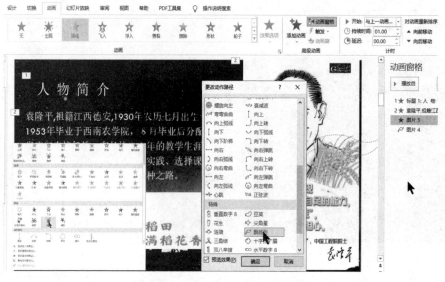

图 5-2-14 第3张幻灯片动画设置

(6)为第5张幻灯片添加"向内溶解"进入动画效果和"向外溶解"退出动画效果,进入和退出动画的"开始方式"都设置为"上一动画之后","持续时间"为"02.00"。

（7）为第6、7、8张幻灯片的图片添加"缩放"进入动画效果和"透明"强调动画效果，进入和退出动画开始方式都设置为"上一动画之后"，"持续时间"为"01.00"，为文本框添加"旋转"进入效果，动画开始方式都设置为"与上一动画同时"，"持续时间"为"02.00"。

（8）为第9张幻灯片添加"形状"进入动画效果，"持续时间"为"05.00"；文本框添加"字幕式"进入效果，"持续时间"为"10.00"。

（9）为第13张幻灯片左侧图片添加"自定义路径"动作路径，文本框内容添加"空翻"华丽型进入动画效果和"下划线"强调动画效果，如图5-2-15所示。

步骤1：为第13张幻灯片左侧图片添加"自定义路径"动作路径，用鼠标从左下角向右上角方向画线，按Esc键结束画线，"开始方式"设置为"上一动画之后"，"持续时间"为"04.00"。

步骤2：为右侧图片添加"自定义路径"动作路径，用鼠标从右下角向左上角方向画线，按Esc键结束画线，"开始方式"设置为"与上一动画同时"，"持续时间"为"04.00"。

步骤3：为内容文本框添加"空翻"华丽型进入动画效果，"效果选型"为"作为一个对象"，"开始方式"设置为"上一动画之后"，"持续时间"为"02.00"

步骤4：继续为内容文本框添加"下划线"强调动画效果，"效果选型"为"作为一个对象"，"开始方式"设置为"上一动画之后"，"持续时间"为"02.00"。

图5-2-15　第13张幻灯片动画效果设置

8. 隐藏幻灯片。

选中第10、11、12张幻灯片，单击鼠标右键，在弹出的对话框中选择"隐藏幻灯片"选项，如图5-2-16所示。最后，按快捷键Ctrl+S保存演示文稿。

图 5-2-16　隐藏幻灯片

实训 5.3　幻灯片放映与输出——放映与输出感动中国人物

实训目的

掌握幻灯片主题的应用。
掌握幻灯片母版的编辑。
掌握超链接和动作设置的方法。
掌握演示文稿的自定义放映知识。
了解演示文稿的打印方法。
掌握演示文稿的打包方法。

实训内容

打开"感动中国人物-吴孟超.pptx",完成如下操作:

1. 应用幻灯片主题。

为所有幻灯片应用"柏林"主题。

2. 编辑幻灯片母版。

将幻灯片切换至母版视图,将母版中第 1 张幻灯片中的标题文本字体格式设置为"黑体""加粗""36 号";将内容文本框中各级标题文本前的项目符号取消。

3. 将第 4 张幻灯片文本框内容转化为"垂直项目符号列表"SmartArt 图形,并将颜色更改为"彩色-个性色"。

4. 创建超链接。

为第 4 张幻灯片的 5 个标题文本创建超链接,并链接到对应的幻灯片中。

5. 创建动作按钮。

为第 5~9 张幻灯片创建返回目录页的动作按钮，动作按钮填充颜色设置为"浅蓝"。

6. 设置切换效果。

将所有幻灯片切换效果设置为"闪光"，声音为"鼓掌"，换片方式为"单击鼠标时"，"设置自动换片时间"为"00:05.00"。

7. 设置每张幻灯片动画效果。

自行为每张幻灯片设置动画效果。

8. 放映幻灯片。

放映制作好的演示文稿，并使用超链接快速定位链接的幻灯片，然后返回目录幻灯片，依次查看各幻灯片和对象。

9. 隐藏幻灯片。

隐藏第 2 张幻灯片，然后再次进入幻灯片放映视图，查看隐藏幻灯片后的效果。

10. 排练计时。

对演示文稿各种动画进行排练。

11. 打印演示文稿。

将演示文稿打印 2 份，要求一页纸上显示 3 张幻灯片，幻灯片的大小需要根据纸张大小进行调整。

12. 打包演示文稿。

将设置好的演示文稿打包到文件夹，并命名为"感动中国人物-吴孟超"。

 实训步骤

1. 应用幻灯片主题。

为所有幻灯片应用"柏林"主题。

双击打开"感动中国人物-吴孟超.pptx"演示文稿，单击"设计"选项卡→"主题"组下拉按钮，在列表中选择"柏林"主题，如图 5-3-1 所示。

图 5-3-1 "柏林"主题

2. 编辑幻灯片母版。

将幻灯片切换至母版视图，将母版中第 1 张幻灯片中的标题文本字体格式设置为"黑体""加粗""36"；将内容文本框中各级标题文本前的项目符号取消。

步骤 1：单击"视图"选项卡→"母版视图"组→"幻灯片母版"按钮，将幻灯片切换至母版视图。

步骤 2：在母版视图窗口左侧的幻灯片浏览窗格中，选中第 1 张幻灯片，然后选择幻灯片中上方的标题文本框，将文本字体格式设置为"黑体""加粗""36"。

步骤 3：选中幻灯片下方的内容文本框，单击"开始"选项卡→"段落"组→"项目符号"下拉按钮，在弹出的"项目符号库"中选择"无"选项。效果如图 5-3-2 所示。

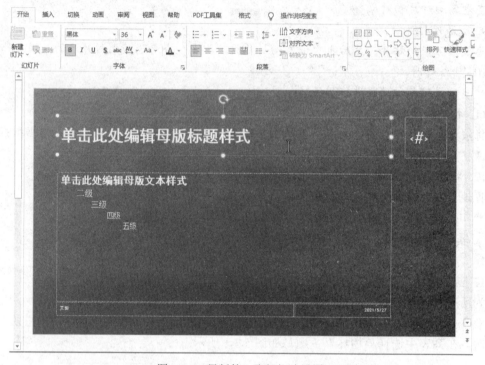

图 5-3-2　母版第 1 张幻灯片设置

步骤 4：设置完成后，单击"视图"选项卡→"演示文稿视图"组→"普通"按钮，将幻灯片切换至普通视图。

3. 将第 4 张幻灯片文本框内容转化为"垂直项目符号列表"SmartArt 图形，并将颜色更改为"彩色-个性色"。

步骤 1：选中第 4 张幻灯片中的文本框，单击"开始"选项卡→"段落"组→"转换为 SmartArt"按钮，在下拉列表中选择"垂直项目符号列表"选项，如图 5-3-3 所示。

步骤 2：选中 SmartArt 图形，单击"SmartArt 工具/设计"选项卡→"SmartArt 样式"组→"更改颜色"按钮，在列表中单击"彩色-个性色"选项，如图 5-3-3 所示。

4. 创建超链接。

为第 4 张幻灯片的 5 个标题文本创建超链接，并链接到对应的幻灯片中。

项目 5　演示文稿制作软件——PowerPoint 2016

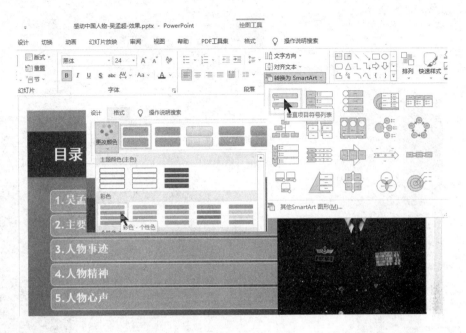

图 5-3-3　SmartArt 图形

选中第 4 张幻灯片中的文本"吴孟超简介",单击"插入"选项卡→"链接"组→"超链接"按钮,在弹出的"插入超链接"对话框中单击左侧的"本文档中的位置"按钮,在右侧界面选择第 5 张幻灯片,单击"确定"按钮,如图 5-3-4 所示。用同样的方法为其他 4 个文本建立超链接。

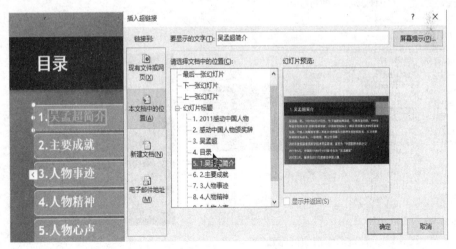

图 5-3-4　设置超链接

5. 创建动作按钮。

为第 5~9 张幻灯片创建返回目录页的动作按钮,动作按钮填充颜色设置为"浅蓝"。

步骤 1：单击"插入"选项卡→"插图"组→"形状"按钮→"动画按钮"栏的第 3 个动作按钮"转到开头",用鼠标在幻灯片右上角绘制动作按钮,绘制完成后,弹出"操作设置"

对话框，如图 5-3-5 所示。

图 5-3-5　设置动作按钮

步骤 2：在"操作设置"对话框中，单击"超链接到"单选项，选择"幻灯片"选项，选择第 4 张幻灯片，单击"确定"按钮，如图 5-3-6 所示。

步骤 3：选中插入的动作按钮，在窗口右侧的"设置形状格式"窗格中，将填充颜色设置为"浅蓝"色，如图 5-3-7 所示。

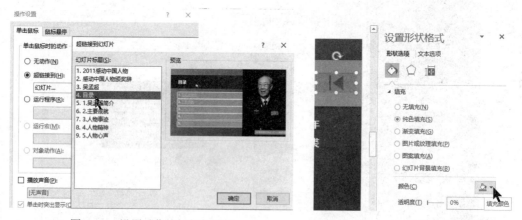

图 5-3-6　设置动作按钮的超链接　　　　图 5-3-7　设置形状格式

步骤 4：利用快捷键 Ctrl+C 和 Ctrl+V，将第 5 张中的"工作按钮"复制粘贴到第 6～9 张幻灯片。

6. 设置切换效果。

将所有幻灯片切换效果设置为"闪光"，声音为"鼓掌"，换片方式为"单击鼠标时"，"设置自动换片时间"为"00:05.00"。

项目 5　演示文稿制作软件——PowerPoint 2016

步骤 1：选中所有幻灯片，单击"切换"选项卡→"切换到此幻灯片"组→"细微"组→"闪光"选项。

步骤 2：在"计时"组设置声音为"鼓掌"，勾选"单击鼠标时"和"设置自动换片时间"复选框，并将"设置自动换片时间"设置为"00:05.00"，单击"应用到全部"按钮，如图 5-3-8 所示。

图 5-3-8　幻灯片切换效果

7. 设置每张幻灯片动画效果。

自行为每张幻灯片设置动画效果。

可以在母版视图下分别为标题文本和内容文本设置相同的动画效果，也可以在普通视图下为每张幻灯片设置不同的动画效果。

8. 放映幻灯片。

放映制作好的演示文稿，并使用超链接快速定位链接的幻灯片，然后返回目录幻灯片，依次查看各幻灯片和对象。

单击"幻灯片放映"选项卡→"开始放映幻灯片"组→"从头开始"按钮，将从演示文稿的第 1 张幻灯片开始放映，单击鼠标左键依次放映下一个动画或下一张幻灯片，当播放到第 4 张幻灯片时，将鼠标光标移动到"吴孟超简介"文本上，鼠标变为手形状，单击鼠标，切换到超链接的目标幻灯片，单击幻灯片右上角的浅蓝色"动作按钮"返回目录页，继续下一个超链接幻灯片的观看，直至观看完毕，如图 5-3-9 所示。

9. 隐藏幻灯片。

隐藏第 2 张幻灯片，然后再次进入幻灯片放映视图，查看隐藏幻灯片后的效果。

在"幻灯片"浏览窗格中选择第 2 张幻灯片，单击"幻灯片放映"选项卡→"设置"组→"隐藏幻灯片"按钮，第 2 张幻灯片的右下角出现叉标记，再次放映幻灯片，此时隐藏的幻灯片将不再放映出来，如图 5-3-10 所示。

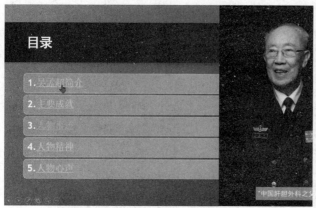
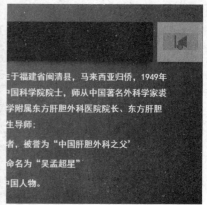

图 5-3-9 幻灯片放映

10. 排练计时。

对演示文稿各种动画进行排练。

步骤 1：单击"幻灯片放映"选项卡→"设置"组→"排练计时"按钮，进入放映排练状态，同时打开"录制"工具栏自动为该幻灯片计时。放映结束后，弹出"提示"对话框，提示排练计时时间，并询问是否保留幻灯片的排练时间，单击"是"按钮进行保存，如图 5-3-11 所示。

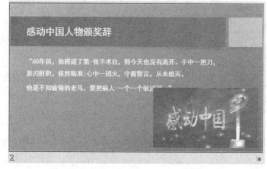
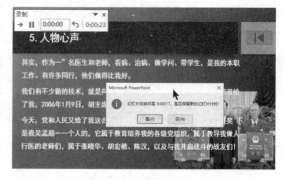

图 5-3-10 隐藏幻灯片　　　　　图 5-3-11 排练计时

步骤 2：打开"幻灯片浏览"视图样式，此时在每张幻灯片的右下角将显示幻灯片的播放时间，如图 5-3-12 所示。

11. 打印演示文稿。

将演示文稿打印 2 份，要求一页纸上显示 3 张幻灯片，幻灯片的大小需要根据纸张大小进行调整。

步骤 1：单击"文件"菜单→"打印"命令，如果需要打印 2 份，则在"份数"后面的输入框中输入"2"。

步骤 2：在"打印机"下拉列表中选择与计算机相连的打印机。

项目 5　演示文稿制作软件——PowerPoint 2016

图 5-3-12　排练计时后的"幻灯片浏览"视图

步骤 3：单击"幻灯片"选项下方第一个"打印布局"选项的下拉按钮，在弹出的界面中选择"讲义"→"3 张幻灯片"选项，继续勾选"幻灯片加框"和"根据纸张调整大小"选项，单击"打印"按钮，如图 5-3-13 所示。

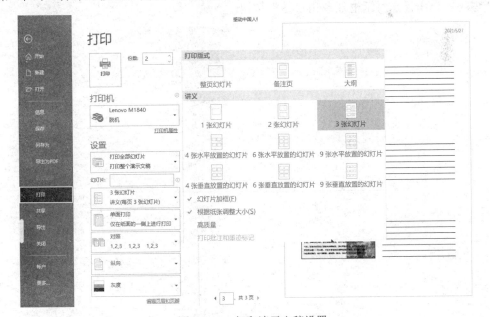

图 5-3-13　打印演示文稿设置

12. 打包演示文稿。

将设置好的演示文稿打包到文件夹，并命名为"感动中国人物-吴孟超"。

步骤 1：单击"文件"菜单→"导出"命令，单击"导出"栏中的"将演示文稿打包成 CD"选项，单击"打包成 CD"按钮。

步骤 2：单击"复制到文件夹"按钮，在"文件夹名称"文本框中输入"感动中国人物-吴孟超"，在"位置"文本框中输入打包后的文件夹的保存位置，单击"确定"按钮，如图 5-3-14 所示。

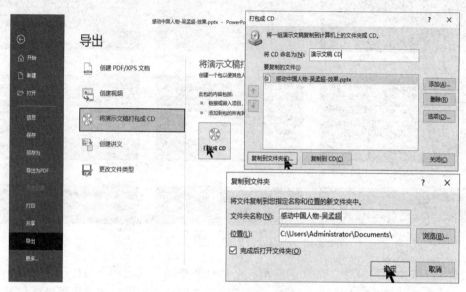

图 5-3-14　打包演示文稿

步骤 3：弹出提示对话框，单击"是"按钮。

第二部分

综合练习

综合练习一
Word 综合练习

练习 1

打开"练习 1.docx"文档,完成下列操作并以该文件名保存文档。
(1) 将标题设置为隶书、二号字,居中、倾斜,文字效果:填充茶色,背景色 2;内部阴影。
(2) 将正文字体设置为小四号。
(3) 将正文段落文字设置为首行缩进 2 字符,1.5 倍行距。
(4) 将文档中所有的"母亲"两字都设置为"深蓝,文字 2"。
(5) 将纸张大小设置为 A4,上、下、左、右页边距均设置为 3 厘米。
(6) 插入页眉,文字设置为"母亲节的来源"。

练习 2

打开"练习 2.docx"文档,完成下列操作并以该文件名保存文档。
(1) 将标题设置为黑体、小二号字,加粗,并为标题添加波浪线。
(2) 将正文字体设置为华文楷体,四号,标准色-蓝色。
(3) 将正文段落文字设置为首行缩进 2 字符。
(4) 将第一段文字首字下沉 2 行,首字字体设置为方正舒体。
(5) 将纸张大小设置为 B5,设置上、下页边距为 3 厘米,左、右页边距为 2 厘米。
(6) 插入页脚,页脚文字为"家乡的河"。

练习 3

打开"练习 3.docx"文档,完成下列操作并以该文件名保存文档。
(1) 用"查找和替换"功能删除文档中所有的空格,包括全角和半角。
(2) 用"查找和替换"功能删除文档中多余的回车符。
(3) 新建样式:样式名称为"后记",字体为"楷体",字体大小为 14 号,段前、段后间距各为 1 行。
(4) 应用样式。
① 将"标题 1"样式用于各短文的标题上(作者的前一行)。
② 将"后记"样式用于各个以"$$$"开头的段落上。
③ 将"列出段落"样式用于其余的所有段落上。

(5)为文档设置"引用"主题,页面颜色设置为"绿色"(第1行第6个)。
(6)修改样式。
① 修改"列出段落"样式,设置:首行缩进为2字符,行距为1.5行。
② 修改"标题1"样式,段落居中对齐。
③ 为"标题1"样式加项目符号"※"。

练习4

打开"练习4.docx"文档,完成下列操作并以该文件名保存文档。
(1)清除文档中多余的空格,包括全角与半角的空格。
(2)用"查找和替换"功能将文档中所有的手动换行符替换为段落标记,再用"查找和替换"功能删除多余的段落标记。
(3)应用样式,按下表要求将各样式用于指定的文本内容。

样式名称	应用于
标题	文档中的第一行文字
标题1	所有带编号的行
感悟	所有斜体的文字
列出段落	其余的内容

(4)为文档设置"画廊"主题,页面颜色设置为"蓝色,个性色1,淡色40%"。
(5)修改"标题1"样式,字号改为"小四",段前、段后间距各为"6磅",单倍行距。

练习5

打开"练习5.docx"文档,完成下列操作并以该文件名保存文档。
(1)设置纸张大小为32开,页边距设置为"窄",适当调整图片及标题位置。
(2)在"[此处插入目录]"下一行插入分页符,并且插入目录("自动目录1")。
(3)在标题"形象"之前插入分节符(下一页)。
(4)取消正文节的页面边框。
(5)为正文节插入页眉,内容是"雅典娜",并且要求封面和目录部分无页眉。
(6)为正文节页脚插入页码,要求起始页码为罗马数字"Ⅰ",且要求封面和目录部分无页码。
(7)更新目录,确保文档结构正确。

练习6

打开"练习6.docx"文档,完成下列操作并以该文件名保存文档。
(1)将第1个段落(即文字"华丽典雅的意大利")的字体格式设置为华文新魏、一号。

文本效果设置为"填充-靛蓝,主题色 5,边框白色,背景色 1"。

(2) 将第 1 段落(即文字"华丽典雅的意大利")的段落格式设置为 1.5 倍行距,段前、段后间距均为 0.5 行,对齐方式为居中。

(3) 在第 2 段落"在此处插入图片"后面插入图片"PWORD11A_1.JPG",并将图片下侧的"昵图网 www.nipic.comBY:yclhoo"部分裁剪掉,调整图片大小,并设置图片居中显示,最后给图片应用图片样式"柔化边缘矩形"。

(4) 利用"查找和替换"功能将文档中所有的半角空格和全角空格删除。

(5) 如下表所示修改标题 1 和标题 2 样式的格式。

样式名称	字体	字号	段落格式
标题 1	黑体	三号	段前、段后 6 磅、单倍行距、段前分页、无首行缩进
标题 2	华文中宋	四号	段前、段后 0.5 行、单倍行距、无首行缩进

(6) 如下表所示,设置标题 1 和标题 2 的多级编号。

样式名称	多级编号	位置
标题 1	第 X 部分(X 的数字格式为一,二,三,…)	编号之后:空格
标题 2	X、(X 的数字格式为一、,二、,三、,…)	编号之后:空格

(7) 将文档中所有红色字所在段落设置为"标题 1"样式,所有浅蓝色字所在段落设置为标题 2 样式。

练习 7

打开"练习 7.docx"文档,完成下列操作并以该文件名保存文档。

(1) 将第 1 段落(文字"摄影鉴赏")格式设置为字体为方正姚体、字号为初号。文字效果设置为"轮廓-橙色,阴影内部中"。

(2) 将第 2、3 个段落(文字"摄影,是一种……是感性和理性的统一")的段落格式设置为 1.5 倍行距、首行缩进 2 字符。

(3) 利用"查找和替换"功能将文中符号"◆"替换为"●",并加空格符。

(4) 将文中红色文字应用标题 1 样式、蓝色文字应用标题 2 样式、绿色文字应用标题 3 样式。

(5) 将标题 1、2、3 样式按下表进行修改。

样式名称	字体格式	段落格式
标题 1	华文新魏,小一	2 倍行距
标题 2	华文中宋,小三	1.5 倍行距,左缩进 1 厘米
标题 3	华文行楷,四号	2 倍行距,左缩进 2.5 厘米

(6) 按下表为标题 1、2、3 添加多级编号。

样式名称	多级编号	位置
标题 1	第 X 章（X 的编号样式为一、二、三、……）	左对齐
标题 2	X.Y（X、Y 的编号样式为 1、2、3、…）	左对齐
标题 3	X（X 的编号样式为 A、B、C、…）	左对齐

(7) 在第 3 段落中插入素材图片"PWORD5A_1.JPG"，调整图片大小。将图片的自动换行设置为"四周型环绕"。给图片应用图片样式"棱台透视"。

综合练习二
Excel 综合练习

练习 1

打开"练习 1.xlsx"文档，完成下列操作并以该文件名保存文档。
（1）将标题 A1:D1 区域"合并及居中"置于表格正上方，字体设置为华文新魏、16 磅。
（2）设置表头行（即第 2 行）行高为 18。
（3）利用公式计算各销售人员的提成金额（提示：提成金额=销售额×提成率）。
（4）将 A2:D12 区域中的数据添加内、外部边框，边框为单细线。
（5）将 Sheet1 中的所有内容复制到 Sheet2 中同样的位置中，请按"提成金额"将表格进行"降序"排列。
（6）在 Sheet2 中，以销售人员列（A2:A12）和提成金额列（D2:D12）生成簇状圆柱图，插入当前 Sheet2 工作表中。

练习 2

打开"练习 2.xlsx"文档，完成下列操作并以该文件名保存文档。
（1）将标题 A1:E1 区域设置为合并及居中，字体设置为隶书，加粗，16 磅，并把行高设置为 25。
（2）将除标题以外的所有数据添加内、外部边框，外边框为"标准色：蓝色，双实线边框"，内边框为"黑色文字 1，细线边框"。
（3）为 A2:E2 区域添加底纹，底纹颜色为"白色，背景 1"。
（4）利用公式计算销售额，销售额=单价*销量。
（5）制作空调的销售统计图表（选择 A2:A5 区域和 E2:E5 区域制作簇状柱形图）：
① 图表标题为"2013 年 6 月空调销售额"。
② 图表位置为当前工作表。

练习 3

打开"练习 3.xlsx"文档，完成下列操作并以该文件名保存文档。
（1）将标题 A1:F1 区域设置为合并及居中，字体设置为方正舒体，加粗，18 磅；将其他字体设置为华文仿宋，12 磅，水平、垂直均为居中。
（2）将除标题以外的所有数据添加内、外部边框，外边框为双实线边框，边框颜色为黑色，文字 1；内边框为单细线边框，边框颜色为黑色，文字 1。

（3）利用函数 SUM 计算每位职工的工资总额。
（4）利用条件格式在 F3:F17 区域中将大于 1 000 元的工资总额设置为"浅红填充色深红色文本"。

练习 4

打开"练习 4.xlsx"文档，完成下列操作并以该文件名保存文档。
（1）将标题 A1:I1 区域设置为合并及居中，字体设置为黑体，加粗，18 磅，并把行高设置为 25。
（2）将除标题以外的所有数据添加内、外部边框，外边框为蓝色双实线边框，内边框为红色细实线边框。
（3）添加学号，把学号这一列的数据格式设置成 001，002，003，…，011 格式。
（4）利用函数 SUM 和 AVERAGE 计算每位同学的总分和平均分，将结果设置为数值型，并保留两位小数。
（5）将 Sheet1 中的内容复制到 Sheet2 中同样的位置上，在 Sheet2 中，以总分为主关键字降序，学号为次关键字升序，进行排序。

练习 5

打开"练习 5.xlsx"文档，完成下列操作并以该文件名保存文档。
1. 简单公式与函数。
在"1. 简单公式与函数"工作表中完成公式和函数的计算，要求如下：
（1）完成表中"账户余额"列 D3:D74 数据的计算，其中，当前的余额=上一行余额+本行收入－本行支出。例如 D3＝D2＋C3－B3。
（2）用相应函数计算当前工作表右侧的"支出统计"数据，分别使用 SUM、MAX、MIN 计算出左侧账户情况表的"支出总额""最大支出额""最小支出额"。
2. 筛选。
在"2. 筛选"工作表中完成自动筛选，要求如下：
用"自动筛选"功能筛选出摘要为"管道煤气费"的全部数据。
3. 制作图表。
在"3. 图表"工作表中制作图表，要求如下：
（1）用当前工作表的"项目"和"金额"数据制作图表。
（2）图表类型选择"柱形图"→"簇状圆锥图"。
（3）让图表作为对象位于当前工作表 A8 单元格开始的位置上。
（4）图表标题为"支出项目汇总情况图"，图标显示数据标签，图表样式为"样式 4"。

练习 6

打开"练习 6.xlsx"文档，完成下列操作并以该文件名保存文档。

1. 公式与基本函数。

在"1. 简单计算"工作表中进行计算与筛选,要求如下:

(1) 计算"业绩提成"和"税额"。计算规则为:业绩提成=业绩*15%;税额=业绩提成*税率,其中"税率"用 B4 单元格的绝对地址引用,不能直接写 5%。

(2) 用 COUNTA、MAX、AVERAGE 函数分别计算"总人数""最高业绩""平均业绩"。注意:统计总人数时,必须用"姓名"列的数据。

(3) 对 A6:H33 区域的数据进行自动筛选,筛选出所有"性别"为"女",而且"业绩"大于或等于 100 万(1 000 000)的人员。

2. 制作图表。

在"2. 图表"工作表中制作图表,要求如下:

(1) 利用"部门"和"业绩"两列的数据,制作"南山 1 部""西丽 1 部""石岩 1 部""龙华 1 部"的业绩对比图。

(2) 图表类型选择"柱形图"→"簇状圆柱图"。

(3) 图表布局。图表标题:"各部门业绩统计图";主要纵坐标轴(V):显示以百万为单位的坐标轴;显示数据标签。

(4) 图表位置。将图表放置在"2.图表"工作表的 A12:E30 区域,适当放大或缩小。

练习 7

打开"练习 7.xlsx"文档,完成下列操作并以该文件名保存文档。

1. 设置单元格格式。

在"1. 格式设置"工作表中进行格式设置,要求如下:

(1) 设置标题行,将标题行(A1:G1)合并居中,并将标题文字"2012 年外贸专业学生英语考试成绩统计表"设置为:

① 华文楷体 18 号,加粗,字体颜色为"水绿色,强调颜色文字 5"。

② 填充颜色为"白色,背景 1,深色 5%"。

(2) 设置工作表第 2~32 行(A2:G32)区域框线,要求:外框线为双线,内框线为单细线。并将该区域文本的对齐方式设置为水平、垂直方向均居中对齐。

(3) 设置 A3:A32 单元格的数据有效性为"文本长度",长度等于 3,用智能填充填写"编号"列(A3:A32),使编号按 001,002,003,…,030 以填充序列方式填写。

(4) 对"口语"列(F3:F32)进行条件格式设置,将单元格数值大于 89 的单元格格式设置为"浅红填充色深红色文本"。

2. 制作图表。

在"2. 制作图表"工作表中制作图表,要求如下:

(1) 以各班级"阅读""听力""口语"和"写作"平均成绩为数据制作图表。

(2) 图表类型选择"柱形图"→"簇状圆柱图"。

(3) 将图表放置在当前工作表中,并进行"切换行/列"。

(4) 图表标题:英语单项平均成绩比较图。

① 横坐标轴标题:单项。

② 主要纵坐标轴标题：分数。
③ 在底端显示图例。

练习 8

打开"练习 8.xlsx"文档，完成下列操作并以该文件名保存文档。

1. 设置单元格格式。

在"1. 格式设置"工作表中进行格式设置，要求如下：

（1）将标题行文字"2013年天猫商城电商部分数据一览表"设置为：

① 在标题行（A1:I1）合并居中。

② 微软雅黑，20号，加粗，标准红色字体。

（2）将列标题行（A2:I2）设置为标准黄色底纹，加粗、标准紫色字体，水平居中。

（3）自动填充：在 A3:A38 区域利用"自动填充"方法填写序号 0001～0036。

（4）内外边框：设置 A2:I38 区域的外边框为标准蓝色双线，内边框为标准绿色细单线。

（5）条件格式：设置 E 列（宝贝数）E3:E38 区域中"高于平均值"的单元格格式为"浅红填充色深红色文本"。

（6）将第 1 列和第 2 行冻结。

2. 制作图表。

在"2. 图表"工作表中制作图表，要求如下：

（1）以 A 列的"品牌"、C 列的"频率"为数据制作图表。

（2）图表类型：选择"条形图"→"三维簇状条形图"；图表放置于本工作表的 E1:J11 区域。

（3）图表布局：选择"布局 3"。

（4）数据标签：设置为"显示"（显示"频率数据"值）。

（5）图表标题：设置为"品牌排行榜频率比较图"。

（6）图表样式：设置为"样式 4"。

3. 数据透视表。

在"3. 数据透视表"工作表中制作数据透视表，统计各地区各种信誉的店铺数。要求如下：

（1）将数据透视表放置在当前工作表的 H1 单元格处。

（2）将"地区"添加到行标签，将"信誉"添加到列标签，将"店铺"添加到数值，计算类型为"计数"。

练习 9

打开"练习 9.xlsx"文档，完成下列操作并以该文件名保存文档。

1. 公式与简单函数的使用。

在"1. 简单公式与函数"工作表中进行计算，要求如下：

（1）按"订货数量"进行升序排序。

（2）根据产品订货数量及单价计算 H 列的销售额（销售额=订货数量*单价）。

(3) 利用函数进行计算。要求在 L2 单元格中使用"自动计算"中的相关公式计算出订单总量（COUNTA）；在 L3 单元格中计算出单价的平均值（AVERAGE）。

2. 分类汇总。

在"2. 分类汇总"工作表中对数据进行分类汇总操作，通过分类汇总统计出各个地区的"订货数量"的平均值。效果如 YEXCEL1A.PDF 所示，要求如下：

（1）按照"地区"进行升序排序分类。
（2）汇总方式为"平均值"，汇总项为"订货数量"。
（3）隐藏汇总后分类明细数据。
（4）汇总后的结果"订货数量"为数值型，保留 1 位小数。

练习 10

打开"练习 10.xlsx"文档，完成下列操作并以该文件名保存文档。

1. 计算。

在"1. 基本计算"工作表中进行计算，要求如下：

（1）在"1. 基本计算"工作表 F 列的 F2:F89 单元格区域，按下列公式计算"差价"：差价＝原价－活动价。
（2）在 J 列的 J2 和 J3 单元格中用 MIN 函数计算"最小打折率值"；用 COUNTA 函数计算"产品数"，其中"产品数"的计算范围是 C2:C89 单元格区域。

2. 排序。

在"2. 综合应用"工作表中进行排序，要求如下：

（1）排序的主要关键字：按"类别"的降序排序。
（2）次要关键字：按"打折率"的升序排序。
（3）第 2 次要关键字：按"活动价"的升序排序。

3. 数据透视表。

根据"3. 数据透视表"工作表中的数据创建数据透视表，要求如下：

（1）为"3. 数据透视表"工作表中的数据插入数据透视表，并将数据透视表放置到该工作表 H3 单元格开始的区域。
（2）将字段"类别"添加到行标签，将"打折率"添加到数值，值汇总依据设为"平均值"。
（3）在数据透视表中，再按"打折率"的升序排序，并将打折率的结果设置为数值型，小数位设置为 2 位。

练习 11

打开"练习 11.xlsx"文档，完成下列操作并以该文件名保存文档。

1. 设置单元格格式。

在"1. 格式设置"工作表中进行格式设置，要求如下：

（1）设置标题行。将标题行（A1:G1）合并居中，并将标题文字"中国唐代诗人简录"

设置为：

① 华文新魏 20 号，加粗，红色。

② 填充颜色："茶色，背景 2，深色 25%"。

（2）序列填充：将文字序列 0001～0078 填入单元格区域 A3:A80。

（3）设置工作表 A2:G80 单元格区域格式，要求：

① A2:G80 单元格区域字体：楷体 12 号；各列设定列宽为最合适的列宽；A、B、C、E、F 列对齐方式：水平居中对齐；第 2 行格式：字体加粗、水平居中对齐。

② A2:G80 单元格区域边框：外框线为双线、内框线为单细线。

（4）条件区域设置：对诗人"生年"和"卒年"（E3:F80）年份为"不详"的单元格利用条件格式设置为"浅红填充色深红色文本"。

2. 高级函数应用。

在"2. 高级函数"工作表中制作图表，要求如下：

（1）设置单元格区域名称。

① D3:D311 单元格区域定义为名称"诗人姓名"。

② G2:J12 单元格区域定义为名称"十大诗人"。

（2）应用 COUNTIF 函数统计十大诗人"入选诗作品数"，填入区域 K3:K12。

提示：应用 COUNTIF 函数时，适当引入已定义名称"诗人姓名"作为该函数的参数。

（3）应用 VLOOKUP 函数实现诗人查询功能，即根据 H14 单元格的条件输入"选择的诗人'杜甫'"，查找"十大诗人"名称对应的区域 G2:J12，以确定诗人的"出生地"及"生""卒"年份等信息，填入单元格区域 H15:H17 中。

综合练习三
PowerPoint 综合练习

练习 1

打开"练习 1.pptx"文档,完成下列操作并以该文件名保存文档。
(1) 在第 1 张幻灯片中输入标题"感谢母亲",副标题"献礼母亲节"。
(2) 在第 1 张幻灯片中将主标题设置为自底部"飞入"动画效果。
(3) 将第 9 张幻灯片移动到第 7 张幻灯片"母亲的诠释"之后。
(4) 为幻灯片设置"画廊"主题。
(5) 为幻灯片设置"随机线条"切换效果,并应用于所有幻灯片。

练习 2

打开"练习 2.pptx"文档,完成下列操作并以该文件名保存文档。
(1) 将第 1 张幻灯片的主标题"枸杞"的字体设置为"华文彩云",字号 60。
(2) 将第 2 张幻灯片中的图片设置动画效果为"进入"→"形状"。
(3) 给第 4 张幻灯片的"其他"建立超链接,链接到下列地址:http://www.163.com。
(4) 将第 3 张幻灯片的切换效果设置为"立方体""自左侧"。
(5) 将演示文稿的主题设置为"木质纹理"。

练习 3

打开"练习 3.pptx"文档,完成下列操作并以该文件名保存文档。
(1) 为所有幻灯片应用"徽章"主题,并将主题字体修改为黑体。
(2) 在第 1 张标题幻灯片的副标题占位符中输入"贵州职业技术学院"(不含引号)。
(3) 将标题为"目录"的第 2 张幻灯片应用"两栏内容"的版式,并在该幻灯片的右侧插入"TPPT1.jpg"图片。
(4) 在第 4 张幻灯片(标题:科学成就)中,将内容中的文本转换为 SmartArt 图形,图形类型为"基本列表"。
(5) 选择标题为"目录"的第 2 张幻灯片,为各文本添加超级链接,分别链接到同名标题的幻灯片中。
(6) 为第 5 张幻灯片(标题:科学思想)设置动画效果,要求:将标题文字"科学思想"的动画效果设置为"进入–缩放";将内容中文本的动画效果设置为"强调–彩色脉冲"。
(7) 将所有幻灯片的切换效果设计为"华丽型–门"。

练习 4

打开"练习 4.pptx"文档，完成下列操作并以该文件名保存文档。

（1）将第 2 张幻灯片（标题：目录）应用"两栏内容"的版式，然后在该幻灯片的右侧插入"PPPT11-1.jpg"图片，并适当调整图片尺寸大小和位置。

（2）为所有幻灯片应用"剪切"主题。

（3）在幻灯片中插入页眉页脚，在页脚中显示"日期和时间（自动更新）"，幻灯片编号，页脚内容为"职业技术学院"，并设置标题幻灯片不显示。

（4）应用幻灯片母版，在每一张幻灯片的右上角显示图片"PPPT11-2.jpg"，适当调整该图片的大小。

（5）选择标题为"目录"的第 2 张幻灯片，为各文本添加超级链接，分别链接到同名标题的幻灯片中。

（6）为第 3 张幻灯片（标题：狗的简介）中的图片设置"进入-劈裂"动画效果。

（7）将所有幻灯片的切换效果设置为"华丽型-蜂巢"。

练习 5

打开"练习 5.pptx"文档，完成下列操作并以该文件名保存文档。

（1）在第 1 张幻灯片（标题：如何阅读一本书）的副标题占位符中输入"How to Read a Book"。

（2）将第 2 张幻灯片（标题：目录）更改版式为"标题和内容"。

（3）为所有幻灯片应用"基础"主题。

（4）在第 1 张幻灯片（标题：如何阅读一本书）的左边插入图片"TPPT6_1.jpg"，调整图片放置的位置。

（5）设置第 3 张幻灯片的切换效果为"细微型-揭开"，相关的效果参数采用默认即可。

（6）选择第 9 张幻灯片（标题：读书的金字塔）的内容文字，将文本转换为"棱锥形列表"形的 SmartArt 图，并且设计 SmartArt 样式为"三维"中的"卡通"效果。

（7）为第 5 张幻灯片（标题：检视阅读）的图片设置"强调"效果中的"跷跷板"动画效果。

（8）为第 2 张幻灯片中的文字"主题阅读"制作超链接，当放映演示文稿时，能链接到演示文稿中标题为"主题阅读"的幻灯片上。

练习 6

打开"练习 6.pptx"文档，完成下列操作并以该文件名保存文档。

（1）在第 2 张幻灯片（标题：图书描述）后插入一张版式为"标题和内容"的新幻灯片，幻灯片标题为"基本信息"，并在素材文件"TPPT4_1.docx"中将基本信息复制到幻灯片内容占位符中。

（2）将第1张幻灯片图片右边的文字转换为类型为"棱锥形列表"的SmartArt图形。

（3）为第1张幻灯片中的文字"作者简介"添加超级链接，链接到同名标题的幻灯片中。

（4）将第4张幻灯片（标题：作者简介）的版式修改为"图片与标题"。

（5）为所有幻灯片应用"画廊"主题。

（6）为所有幻灯片插入编号和页脚，页脚内容为"好书推荐"。

（7）为第2张幻灯片的图片设置"进入-轮子"动画效果。

（8）为最后一张幻灯片（标题：读者评价）插入图表，图表类型为"簇状柱形图"，评价数据如下。

星级	人数（参评人数1 000）
5星	816
4星	116
3星	68
2星	0
1星	0

说明：表中数据可在素材文件"TPPT4_1.docx"中拷贝。

（9）将所有幻灯片的切换效果设计为"细微型-推进"。

练习7

打开"练习7.pptx"文档，完成下列操作并以该文件名保存文档。

（1）将第3张幻灯片（标题：名人与牡丹）移动到最后一张幻灯片之后。

（2）对第5张幻灯片（标题：名人与牡丹）应用"两栏内容"的版式，在该幻灯片的右边占位符中插入图片"TPPT1_5.JPG"，参照样例调整图片位置和大小到合适。

（3）为所有幻灯片应用"离子会议室"主题。

（4）应用幻灯片母版：在标题和内容母版中，将标题样式文字字号设置为44，将文本样式占位符中所有级别文字字体修改为仿宋。

（5）为第3张幻灯片（标题：图片欣赏）的4张图片设置"进入–形状"动画效果，开始设置为"与上一张动画片同时"。

（6）选择标题为"目录"的第2张幻灯片，为文字"名人与牡丹"添加超级链接，链接到同名标题的幻灯片中。

（7）将所有幻灯片的切换效果设计为"细微型-推进"。

第三部分

计算机一级模拟试题集

计算机一级模拟试题（一）

一、选择题

1. 字长是 CPU 的主要性能指标之一，它表示（   ）。
  A. CPU 一次能处理二进制数据的位数
  B. CPU 最长的十进制整数的位数
  C. CPU 最大的有效数字位数
  D. CPU 计算结果的有效数字长度

2. 计算机操作系统通常具有的五大功能：（   ）。
  A. CPU 管理、显示器管理、键盘管理、打印机管理和鼠标器管理
  B. 硬盘管理、U 盘管理、CPU 的管理、显示器管理和键盘管理
  C. 处理器（CPU）管理、存储管理、文件管理、设备管理和作业管理
  D. 启动、打印、显示、文件存取和关机

3. 下列各类计算机程序语言中，不属于高级程序设计语言的是（   ）。
  A. Visual Basic 语言   B. C++语言
  C. Fortan 语言   D. 汇编语言

4. 十进制数 18 转换成二进制数是（   ）。
  A. 010101   B. 101000   C. 010010   D. 001010

5. 按电子计算机传统的分代方法，第一代至第四代计算机依次是（   ）。
  A. 机械计算机，电子管计算机，晶体管计算机，集成电路计算机
  B. 晶体管计算机，集成电路计算机，大规模集成电路计算机，光器件计算机
  C. 电子管计算机，晶体管计算机，小、中规模集成电路计算机，大规模和超大规模集成电路计算机
  D. 手摇机械计算机，电动机械计算机，电子管计算机，晶体管计算机

6. 在计算机中，每个存储单元都有一个连续的编号，此编号称为（   ）。
  A. 地址   B. 位置号   C. 门牌号   D. 房号

7. 假设某台式计算机的内存储器容量为 256 MB，硬盘容量为 40 GB。硬盘的容量是内存容量的（   ）。
  A. 200 倍   B. 160 倍   C. 120 倍   D. 100 倍

8. 在所列出的：① 字处理软件，② Linux，③ UNIX，④ 学籍管理系统，⑤ Windows XP 和⑥ Office 2003 六个软件中，属于系统软件的有（   ）。
  A. ①②③   B. ②③⑤   C. ①②③⑤   D. 全部都不是

9. 若要将计算机与局域网连接，至少需要具有的硬件是（   ）。
  A. 集线器   B. 硬盘   C. 网卡   D. 路由器

10. 下列叙述中，正确的是（　　）。
　　A. CPU 能直接读取硬盘上的数据　　　B. CPU 能直接存取内存储器上的数据
　　C. CPU 由存储器、运算器和控制器组成　D. CPU 主要用来存储程序和数据
11. 在微机的硬件设备中，有一种设备在程序设计中既可以当作输出设备，又可以当作输入设备，这种设备是（　　）。
　　A. 绘图仪　　　　B. 网络摄像头　　　C. 手写笔　　　　D. 磁盘驱动器
12. 一般而言，Internet 环境中的防火墙建立在（　　）。
　　A. 每个子网的内部　　　　　　　　　B. 内部子网之间
　　C. 内部网络与外部网络的交叉点　　　D. 以上 3 个都不对
13. 在 ASCII 码表中，根据码值由小到大的排列顺序是（　　）。
　　A. 空格字符、数字符、大写英文字母、小写英文字母
　　B. 数字符、空格字符、大写英文字母、小写英文字母
　　C. 空格字符、数字符、小写英文字母、大写英文字母
　　D. 数字符、大写英文字母、小写英文字母、空格字符
14. 一个完整的计算机系统应该包括（　　）。
　　A. 主机、键盘和显示器　　　　　　　B. 硬件系统和软件系统
　　C. 主机和它的外部设备　　　　　　　D. 系统软件和应用软件
15. 下列各选项中，不属于 Internet 应用的是（　　）。
　　A. 新闻组　　　　B. 远程登录　　　　C. 网络协议　　　D. 搜索引擎
16. 计算机网络中传输介质传输速率的单位是 b/s，其含义是（　　）。
　　A. 字节/秒　　　　B. 字/秒　　　　　C. 字段/秒　　　　D. 二进制位/秒
17. 以下关于编译程序的说法，正确的是（　　）。
　　A. 编译程序直接生成可执行文件
　　B. 编译程序直接执行源程序
　　C. 编译程序完成高级语言程序到低级语言程序的等价翻译
　　D. 各种编译程序构造都比较复杂，所以执行效率高
18. 下列叙述中，正确的是（　　）。
　　A. 计算机病毒只在可执行文件中传染，不执行的文件不会传染
　　B. 计算机病毒主要通过读/写移动存储器或 Internet 网络进行传播
　　C. 只要删除所有感染了病毒的文件，就可以彻底消除病毒
　　D. 计算机杀病毒软件可以查出和清除任意已知的和未知的计算机病毒
19. 下列关于指令系统的描述，正确的是（　　）。
　　A. 指令由操作码和控制码两部分组成
　　B. 指令的地址码部分可能是操作数，也可能是操作数的内存单元地址
　　C. 指令的地址码部分是不可缺少的
　　D. 指令的操作码部分描述了完成指令所需要的操作数类型
20. 若网络的各个节点通过中继器连接成一个闭合环路，则称这种拓扑结构为（　　）。
　　A. 总线型拓扑　　B. 星形拓扑　　　　C. 树形拓扑　　　　D. 环形拓扑

二、基本操作题

Windows 基本操作题，不限制操作的方式。

（1）将考生文件夹下"SLOVIA"文件夹中的文件"WENSE.FMT"更名为"BUGMUNT.FRM"。

（2）将考生文件夹下"DREAM"文件夹中的文件"SENSE.BMP"设置为存档和只读属性。

（3）将考生文件夹下"DOVER\SWIM"文件夹中的文件夹"DELPHI"删除。

（4）将考生文件夹下"POWER\FIELD"文件夹中的文件"COPY.WPS"复制到考生文件夹下的文件夹"APPLE\PIE"中。

（5）在考生文件夹下"DRIVE"文件夹中建立一个新文件夹"MODDLE"。

三、字处理

在"答题"菜单下选择"字处理"命令，然后按照题目要求再打开相应的命令，完成下面的内容，具体要求如下：

在考生文件夹下打开文档"Word1.Docx"，按照要求完成下列操作并以该文件名（"Word1.docx"）保存文档。

（1）将标题段文字（"高速 CMOS 的静态功耗"）文字设置为小二号蓝色、黑体、居中、字符间距加宽 2 磅、段后间距 0.5 行。

（2）将正文各段文字（"在理想情况下……Icc 规范值。"）中的中文文字设置为 11 磅宋体、西文文字设置为 11 磅 Arial 字体；将正文第三段（"然而，……因而漏电流增大。"）移至第二段（"对所有的 CMOS 器件，……直流电流。"）之前；设置正文各段首行缩进 2 字符、行距为 1.2 倍行距。

（3）设置页面上、下边距各为 3 厘米。

（4）将文中最后 4 行文字转换成一个 4 行 3 列的表格；在第 2 列与第 3 列之间添加一列，并依次输入该列内容"缓冲器""4""40""80"；设置表格列宽为 2.5 厘米、行高为 0.6 厘米，表格居中。

（5）为表格第一行单元格添加黄色底纹；所有表格线设置为 1 磅红色单实线。

四、电子表格

在"答题"菜单下选择"电子表格"命令，然后按照题目要求再打开相应的命令，完成下面的内容，具体要求如下：

（1）在考生文件夹下打开"Excel.xlsx"文件，将"Sheet1"工作表的 A1:F1 单元格区域合并为一个单元格，内容水平居中；用公式计算三年各月经济增长指数的平均值，保留小数点后 2 位，将 A2:F6 区域的全部框线设置为双线样式，颜色为蓝色，将工作表命名为"经济增长指数对比表"，保存"Excel.xlsx"文件。

（2）选取 A2:F5 单元格区域的内容，建立"带数据标记的堆积折线图"（系列产生在"行"），图表标题为"经济增长指数对比图"，图例位置在底部。网格线为分类（X）轴和数值（Y）轴，显示 X 轴网格线，将图插入表的 A8:F18 单元格区域内，保存"Excel.xlsx"文件。

五、上网题

向老同学发一个 E-mail，邀请他来参加母校 50 周年校庆。
具体如下：
【收件人】Hangwg@mail.home.com
【抄送】
【主题】邀请参加校庆
【函件内容】"今年 8 月 26 日是母校建校 50 周年，邀请你来母校共同庆祝。"

六、演示文稿

请在"答题"菜单下选择"演示文稿"命令，然后按照题目要求再打开相应的命令，完成下面的内容，具体要求如下：

打开考生文件夹下的演示文稿"yswg.pptx"，按照下列要求完成对此文稿的修饰并保存。

（1）第 1 张幻灯片的主标题文字的字体设置为"黑体"，字号设置为 46 磅，加粗，加下划线。第 2 张幻灯片文本动画设置为"进入中央向左右展开、劈裂"，图片的动画设置为"进入-自底部飞入"。第 3 张幻灯片的背景填充预设为"浅色渐变，个性色 2"，类型为"线性"，方向为"线性向下"。

（2）第 2 张幻灯片的动画出现顺序为先图片后文本。使用"剪切"主题修饰全文。放映方式为"观众自行浏览（窗口）"。

计算机一级模拟试题（二）

一、选择题

1. 计算机网络中常用的传输介质中，传输速率最快的是（　　）。
   A. 双绞线　　　　　B. 同轴电缆　　　　C. 光纤　　　　　D. 电话线
2. 32位微机中的32是指该微机（　　）。
   A. 能同时处理32位二进制数　　　　B. 能同时处理32位十进制数
   C. 具有32根地址总线　　　　　　　D. 运算精度可达小数点后32位
3. 1946年诞生的世界上第一台电子计算机是（　　）。
   A. UNIVAC-Ⅰ　　　B. EDVAC　　　　　C. ENIAC　　　　D. IBM
4. 计算机未来的发展趋势将主要集中在（　　）。
   A. 巨型化、中型化、网络化、多媒体化
   B. 巨型化、大型化、网络化、多媒体化
   C. 巨型化、小型化、网络化、多媒体化
   D. 巨型化、微型化、网络化、多媒体化
5. 操作系统是（　　）。
   A. 主机与外设的接口　　　　　　　B. 用户与计算机的接口
   C. 系统软件与应用软件的接口　　　D. 高级语言与汇编语言的接口
6. 将$(731)_8$转为十进制数是（　　）。
   A. $(473)_{10}$　　B. $(374)_{10}$　　C. $(574)_{10}$　　D. $(547)_{10}$
7. 十进制数55转换成二进制数等于（　　）。
   A. 111111　　　　B. 110111　　　　　C. 111001　　　　D. 111011
8. 在Word 2016中，若要设置打印输出时的纸型，应使用（　　）选项卡的"页面设置"栏中的命令。
   A. 视图　　　　　B. 审阅　　　　　　C. 引用　　　　　D. 页面布局
9. 若要打印出工作表的网格线，应在"页面设置"对话框选择"工作表"选项卡，然后选中（　　）复选按钮。
   A. 网格线　　　　B. 单色打印　　　　C. 按草稿方式　　D. 行号列标
10. 在Excel中可同时在多个单元格中输入相同的数据，此时首先选定需要输入数据的单元格（选定的单元格可以是相邻的，也可以是不相邻的），键入相应数据，然后按（　　）键。
    A. Enter　　　　B. Ctrl+Enter　　　C. Tab　　　　　D. Ctrl+Tab
11. 在Word 2016中，可以通过（　　）功能区对所选内容添加批注。
    A. 插入　　　　　B. 页面布局　　　　C. 引用　　　　　D. 审阅
12. 下列设备中，属于输出设备的是（　　）。

A. 扫描仪　　　　　B. 显示器　　　　　C. 键盘　　　　　D. 光笔

13. 在 Word 中按（　　）快捷键可新建一个空白文档。

A. Ctrl+O　　　　　B. Ctrl+N　　　　　C. Ctrl+E　　　　　D. Ctrl+C

14. 1 KB 的准确数值是（　　）。

A. 1 024 B　　　　B. 1 000 B　　　　C. 1 024 bit　　　　D. 1 024 MB

15. 电子邮件地址的一般格式为（　　）。

A. 用户名@域名　　B. 域名@用户名　　C. IP 地址@域名　　D. 域名@IP 地址

16. Excel 工作簿是一个（　　）应用软件。

A. 数据库　　　　　B. 电子表格　　　　C. 文字处理　　　　D. 图形处理

17. 写邮件时，除了发件人地址之外，另一项必须填写的是（　　）。

A. 信件内容　　　　B. 主题　　　　　　C. 收件人地址　　　D. 抄送

18. Excel 一个工作簿最多可包含（　　）张工作表。

A. 200　　　　　　B. 100　　　　　　C. 255　　　　　　D. 256

19. 与十进制数 254 等值的二进制数是（　　）。

A. 11111110　　　B. 11101111　　　C. 11111011　　　D. 11101110

20. 目前有许多不同的音频文件格式，下列不是数字音频的文件格式的是（　　）。

A. WAV　　　　　B. GIF　　　　　　C. MP3　　　　　　D. MID

二、操作题

1. 将考生文件夹下"SMOKE"文件夹中的文件"DRAIN.FOR"复制到考生文件夹下的"HIFI"文件夹中，并改名为"STONE.FOR"。

2. 将考生文件夹下"MATER"文件夹中的文件"INTER.GIF"删除。

3. 将考生文件夹下的文件夹"DOWN"移动到考生文件夹下"MORN"文件夹中。

4. 在考生文件夹下"LIVE"文件夹中建立一个新文件夹"VCD"。

5. 将考生文件夹下"SOLID"文件夹中的文件"PROOF.PAS"设置为隐藏属性。

三、上网题

1. 浏览 HTTP://LOCALHOST:65531/Examweb/search.htm 页面，在考生目录下新建文本文件"乐 Phone.txt"，将页面中文字介绍"联想乐 Phone"部分拷贝到"乐 Phone.txt"中并保存。将页面上的相应的手机图片另存到考生文件夹，文件名为"乐 Phone"，保存类型为"JPEG (*.JPG)"。

2. 接收并阅读由 xuexq@mail.neea.edu.cn 发来的 E-mail，并按 E-mail 中的指令完成操作。

四、字处理

在"答题"菜单下选择"字处理"命令，然后按照题目要求再打开相应的命令，完成下面的内容，具体要求如下：

对考生文件夹下"Word.docx"文档中的文字进行编辑、排版和保存，具体要求如下：

1. 在页面底端（页脚）居中位置插入形状为"奥斯汀"的页码，起始页码设置为 2。

2. 将标题段文字（"深海通信技术"）设置为红色、黑体、加粗，文字效果设为发光（红色、11 pt 发光,强调文字颜色 2")。

3. 设置正文前四段("潜艇在深水中……对深潜潜艇发信。")左、右各缩进 1.5 字符,行距为固定值 18 磅,将该四段中所有中文字符设置为"宋体"、西文字符设置为"Arial"字体。

4. 将文中后 13 行文字转换成一个 13 行 5 列的表格,并以"根据内容调整表格"选项自动调整表格,设置表格居中、表格所有文字水平居中。

5. 设置表格所有框线为 1 磅蓝色(标准色)单实线,设置表格所有单元格上、下边距各为 0.1 厘米。

五、电子表格

在"答题"菜单下选择"电子表格"命令,然后按照题目要求再打开相应的命令,完成下面的内容,具体要求如下:

1. 在考生文件夹下打开"Excel.xlsx"文件。
(1)将 Sheet1 工作表的 A1:F1 单元格区域合并为一个单元格,文字水平居中对齐;计算总计行的内容和季度平均值列的内容,季度平均值单元格格式的数字分类设置为数值(小数位数为 2),将工作表命名为"销售数量情况表"。
(2)选取"销售数量情况表"的 A2:E5 单元格区域内容,建立"饼图",标题为"销售数量情况图",靠上显示图例,再将图移动到工作表的 A8:F20 单元格区域内。

2. 打开工作簿文件"Exc.xlsx",对工作表"图书销售情况表"内数据清单的内容进行筛选,条件为"第三季度社科类和少儿类图书";对筛选后的数据清单按主要关键字"销售量排名"的升序次序和次要关键字"图书类别"的升序次序进行排序,工作表名不变,保存"Exc.xlsx"工作簿。

六、演示文稿

在"答题"菜单下选择"演示文稿"命令,然后按照题目要求再打开相应的命令,完成下面的内容,具体要求如下:

打开考生文件夹下的演示文稿"yswg.pptx",按照下列要求完成对此文稿的修饰并保存。

1. 为整个演示文稿应用"回顾"主题,全部幻灯片切换方案为"随机线条",效果选项为"水平"。

2. 将第 2 张幻灯片版式改为"两栏内容",标题为"雅安市芦山县发生 7.0 级地震",将考生文件夹下图片"PPT1.PNG"插到右侧内容区。

3. 将第 1 张幻灯片的版式改为"比较",主标题为"过家门而不入",右侧插入考生文件夹下图片"PPT2.PNG",设置图片的"强调"动画效果为"放大/缩小",效果选项为"数量-巨大"。

4. 在第 1 张幻灯片前插入版式为"空白"的新幻灯片,在位置(水平:4.5 厘米,自:左上角;垂直:7.3 厘米,自:左上角)插入样式为"填充-蓝色,主题色 2,圆形棱台"的艺术字"英雄消防员-何伟",艺术字文字效果为"转换-弯曲-波形上",艺术字高为 4.2 厘米。

5. 设置第 1 张幻灯片的背景为"白色大理石"纹理。将第 2 张幻灯片移为第 3 张幻灯片。

计算机一级模拟试题（三）

一、选择题

1. （　　）是系统部件之间传送信息的公共通道，各部件由总线连接并通过它传递数据和控制信号。
   A. 总线　　　　　　B. I/O 接口　　　　C. 电缆　　　　　　D. 扁缆
2. 专门为某种用途而设计的计算机，称为（　　）计算机。
   A. 专用　　　　　　B. 通用　　　　　　C. 特殊　　　　　　D. 模拟
3. CAM 的含义是（　　）。
   A. 计算机辅助设计　　　　　　　　　　B. 计算机辅助教学
   C. 计算机辅助制造　　　　　　　　　　D. 计算机辅助测试
4. 下列描述中，不正确的是（　　）。
   A. 多媒体技术最主要的两个特点是集成性和交互性
   B. 所有计算机的字长都是固定不变的，都是 8 位
   C. 计算机的存储容量是计算机的性能指标之一
   D. 各种高级语言的编译系统都属于系统软件
5. 将十进制 257 转换成十六进制数是（　　）。
   A. 11　　　　　　　B. 101　　　　　　 C. F1　　　　　　　D. FF
6. 下面不是汉字输入码的是（　　）。
   A. 五笔字型码　　　B. 全拼编码　　　　C. 双拼编码　　　　D. ASCII 码
7. 计算机系统由（　　）组成。
   A. 主机和显示器　　　　　　　　　　　B. 微处理器和软件
   C. 硬件系统和应用软件　　　　　　　　D. 硬件系统和软件系统
8. 计算机运算部件一次能同时处理的二进制数据的位数称为（　　）。
   A. 位　　　　　　　B. 字节　　　　　　C. 字长　　　　　　D. 波特
9. 计算机采用的主机电子器件的发展顺序是（　　）。
   A. 晶体管、电子管、中小规模集成电路、大规模和超大规模集成电路
   B. 电子管、晶体管、中小规模集成电路、大规模和超大规模集成电路
   C. 晶体管、电子管、集成电路、芯片
   D. 电子管、晶体管、集成电路、芯片
10. 半导体只读存储器(ROM)和半导体随机存取存储器(RAM)的主要区别在于（　　）。
    A. ROM 可以永久保存信息，RAM 断电后信息会丢失
    B. ROM 断电后，信息会丢失，RAM 则不会
    C. ROM 是内存储器，RAM 是外存储器

D. RAM 是内存储器，ROM 是外存储器

11. 浏览器收藏夹的作用是（　　）。
   A. 收集感兴趣的页面地址　　　　　B. 记忆感兴趣的页面内容
   C. 收集感兴趣的文件内容　　　　　D. 收集感兴趣的文件名

12. 计算机系统采用总线结构对存储器和外设进行协调。总线主要由（　　）3 部分组成。
   A. 数据总线、地址总线和控制总线　　B. 输入总线、输出总线和控制总线
   C. 外部总线、内部总线和中枢总线　　D. 通信总线、接收总线和发送总线

13. 计算机软件系统包括（　　）。
   A. 系统软件和应用软件　　　　　　B. 程序及其相关数据
   C. 数据库及其管理辅件　　　　　　D. 编译系统和应用系统

14. 计算机硬件能够直接识别和执行的语言是（　　）。
   A. C 语言　　　B. 汇编语言　　　C. 机器语言　　　D. 符号语言

15. 计算机病毒破坏的主要对象是（　　）。
   A. 优盘　　　B. 磁盘驱动器　　　C. CPU　　　D. 程序和数据

16. 下列有关计算机网络的说法，错误的是（　　）。
   A. 组成计算机网络的计算机设备是分布在不同地理位置的多台独立的"自治计算机"
   B. 共享资源包括硬件资源和软件资源以及数据信息
   C. 计算机网络提供资源共享的功能
   D. 计算机网络中，每台计算机核心的基本部件，如 CPU、系统总线、网络接口等，都要求存在，但不一定独立

17. 下列有关 Internet 的叙述中，错误的是（　　）。
   A. 万维网就是因特网
   B. 因特网上提供了多种信息
   C. 因特网是计算机网络的网络
   D. 因特网是国际计算机互联网

18. Internet 是覆盖全球的大型互联网网络，用于连接多个远程网和局域网的互联设备主要是（　　）。
   A. 路由器　　　B. 主机　　　C. 网桥　　　D. 防火墙

19. 因特网上的服务都是基于某一种协议的，其中 Web 服务基于（　　）。
   A. SMTP 协议　　　B. SNMP 协议　　　C. HTTP 协议　　　D. TELNET 协议

20. 下列关于硬盘的说法，错误的是（　　）。
   A. 硬盘中的数据断电后不会丢失　　　B. 每个计算机主机有且只有一个硬盘
   C. 硬盘可以进行格式化处理　　　　　D. CPU 不能够直接访问硬盘中的数据

二、基本操作题

1. 将考生文件夹下"COMMAND"文件夹中的文件"REFRESH.HLP"移动到考生文件夹下"ERASE"文件夹中，并改名为"SWEAM.HLP"。

2. 将考生文件夹下"ROOM"文件夹中的文件"GED.WRI"删除。

3. 将考生文件夹下"FOOTBAL"文件夹中的文件"SHOOT.FOR"的只读和隐藏属性

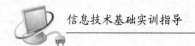

取消。

4. 在考生文件夹下"FORM"文件夹中建立一个新文件夹"SHEET"。

5. 将考生文件夹下"MYLEG"文件夹中的文件"WEDNES.PAS"复制到同一文件夹中，并改名为"FRIDAY.PAS"。

三、上网题

请在"答题"菜单上选择相应的命令，完成下面的内容：

1. 浏览 HTTP://LOCALHOST:65531/Examweb/eduinfo.htm 页面，将"吴建平：IPv6 是未来三网融合基础传输方向"页面另存到考生文件夹，文件名为"IPv6"，保存类型为"网页，仅 HTML（*.htm；*.html）"。

2. 接收并阅读由 xuexq@mail.neea.edu.cn 发来的 E-mail，并按 E-mail 中的指令完成操作。

四、字处理

请在"答题"菜单下选择"字处理"命令，然后按照题目要求打开相应的命令，完成下面的内容，具体要求如下：

1. 在考生文件夹下打开文档"Word1.docx"，按照要求完成下列操作，并以该文件名（"Word1.docx"）保存文档。

（1）将文中所有错词"款待"替换为"宽带"；设置页面颜色为"橙色，个性色2，淡色40%"；插入内置"奥斯汀"型页眉，输入页眉内容"互联网发展现状"。

（2）将标题段文字（"宽带发展面临路径选择"）设置为三号、黑体、红色（标准色）、倾斜、居中并添加深蓝色（标准色）波浪下划线；将标题段设置为段后间距 1 行。

（3）设置正文各段（"近来，……都难以获益。"）首行缩进 2 字符、20 磅行距、段前间距 0.5 行。将正文第二段（"中国出现……历史机会。"）分为等宽的两栏；为正文第二段中的"中国电信"一词添加超链接，链接地址为"http://www.189.cn/"。

2. 在考生文件夹下，打开文档"Word2.docx"，按照要求完成下列操作并以该文件名（"Word2.docx"）保存文档。

（1）将文中后 4 行文字转换为一个 4 行 4 列的表格；设置表格居中，表格各列列宽为 2.5 厘米、各行行高为 0.7 厘米；在表格最右边增加一列，列标题为"平均成绩"，计算各考生的平均成绩，并填入相应单元格内，计算结果的格式为默认格式；按"平均成绩"列依据"数字"类型降序排列表格内容。

（2）设置表格中所有文字水平居中；设置表格外框线及第 1、2 行间的内框线为 0.75 磅紫色（标准色）双窄线，其余内框线为 1 磅红色（标准色）单实线；将表格底纹设置为"红色"。

五、电子表格

请在"答题"菜单下选择"电子表格"命令，然后按照题目要求再打开相应的命令，完成下面的内容，具体要求如下：

1. 打开工作簿文件"Excel.xlsx"。

（1）将工作表 Sheet1 的 A1:E1 单元格合并为一个单元格，内容水平居中；计算"维修件数所占比例"列（维修件数所占比例=维修件数/销售数量，百分比型，保留小数点后 2 位），利用 IF 函数给出"评价"列的信息，维修件数所占比例的数值大于 10%，在"评价"列内给出"一般"信息，否则，给出"良好"信息。

（2）选取"产品型号"列和"维修件数所占比例"列单元格的内容建立"三维簇状柱形图"，图表标题为"产品维修件数所占比例图"，移动到工作表 A19:F34 单元格区域内，将工作表命名为"产品维修情况表"。

2. 打开工作簿文件 Exc.xlsx，对工作表"选修课程成绩单"内数据清单的内容按主要关键字"系别"升序、次要关键字"课程名称"升序进行排序，对排序后的数据进行分类汇总，分类字段为"系别"，汇总方式为"平均值"，汇总项为"成绩"，汇总结果显示在数据下方，工作表名不变，保存"Exc.xlsx"工作簿。

六、演示文稿

请在"答题"菜单下选择"演示文稿"命令，然后按照题目要求再打开相应的命令，完成下面的内容，具体要求如下：

打开考生文件夹下的演示文稿"yswg.pptx"，按照下列要求完成对此文稿的修饰并保存。

1. 为整个演示文稿应用"大都市"主题，全部幻灯片切换方案为"闪光"。

2. 在第一张幻灯片前插入版式为"两栏内容"的新幻灯片，标题为"具有中医药文化特色的同仁堂中医医院"，将考生文件夹下图片"PPT1.PNG"插到右侧内容区，设置图片的"进入"动画效果为"摩天轮"，将第 2 张幻灯片的第二段文本移到第 1 张幻灯片左侧内容区。

3. 第 2 张幻灯片版式改为"比较"，标题为"北京同仁堂中医医院"，将考生文件夹下图片"PPT2.PNG"插到右侧内容区，设置左侧文本的"进入"动画效果为"飞入"，效果选项为"自左侧"。

4. 在第 1 张幻灯片前插入版式为"空白"的新幻灯片，在位置（水平：1.5 厘米，自：左上角；垂直：8.1 厘米，自：左上角）插入样式为"填充-黑色，文本色 1，阴影"的艺术字"名店、名药、名医的同仁堂中医医院"，艺术字文字效果为"转换-跟随路径-拱形"，艺术字高为 3.5 厘米，宽为 22 厘米。

5. 将第 2 张幻灯片移为第 3 张幻灯片。删除第 4 张幻灯片。

第四部分

计算机二级模拟试题集

计算机二级模拟题（一）

一、选择题

1. 一个栈的初始状态为空。现将元素 1、2、3、4、5、A、B、C、D、E 依次入栈，然后再依次出栈，则元素出栈的顺序是（　　）。
   A. 12345ABCDE   B. EDCBA54321
   C. OABCDE12345   D. O54321EDCBA
2. 下列叙述中，正确的是（　　）。
   A. 循环队列有队头和队尾两个指针，因此，循环队列是非线性结构
   B. 在循环队列中，只需要队头指针就能反映队列中元素的动态变化情况
   C. 在循环队列中，只需要队尾指针就能反映队列中元素的动态变化情况
   D. 循环队列中元素的个数是由队头指针和队尾指针共同决定的
3. 在长度为 n 的有序线性表中进行二分查找，最坏情况下需要比较的次数是（　　）。
   A. $O(n)$　　　B. $O(n^2)$　　　C. $O(\log_2 n)$　　　D. $O(n\log_2 n)$
4. 下列叙述中，正确的是（　　）。
   A. 顺序存储结构的存储一定是连续的，链式存储结构的存储空间不一定是连续的
   B. 顺序存储结构只针对线性结构，链式存储结构只针对非线性结构
   C. 顺序存储结构能存储有序表，链式存储结构不能存储有序表
   D. 链式存储结构比顺序存储结构节省存储空间
5. 数据流图中带有箭头的线段表示的是（　　）。
   A. 控制流　　　B. 事件驱动　　　C. 模块调用　　　D. 数据流
6. 在软件开发中，需求分析阶段可以使用的工具是（　　）。
   A. N-S 图　　　B. DFD 图　　　C. PAD 图　　　D. 程序流程图
7. 在面向对象方法中，不属于"对象"基本特点的是（　　）。
   A. 一致性　　　B. 分类性　　　C. 多态性　　　D. 标识唯一性
8. 一间宿舍可住多个学生，则实体宿舍和学生之间的联系是（　　）。
   A. 一对一　　　B. 一对多　　　C. 多对一　　　D. 多对多
9. 在数据管理技术发展的三个阶段中，数据共享最好的是（　　）。
   A. 人工管理阶段   B. 文件系统阶段
   C. 数据库系统阶段   D. 三个阶段相同
10. 某企业为了建设一个可供客户在互联网上浏览的网站，需要申请一个（　　）。
    A. 密码　　　B. 邮编　　　C. 门牌号　　　D. 域名
11. 设有表示学生选课的三张表：学生 S（学号，姓名，性别，年龄，身份证号），课程 C（课号，课名），选课 SC（学号，课号，成绩），则表 SC 的关键字（键或码）为（　　）。

  A. 课号，成绩　　　　B. 学号，成绩　　　　C. 学号，课号　　　　D. 学号，姓名，成绩

12. 为了保证公司网络的安全运行，预防计算机病毒的破坏，可以在计算机上采取（　　）方法。

  A. 磁盘扫描　　　　　　　　　　　　B. 安装浏览器加载项

  C. 开启防病毒软件　　　　　　　　　D. 修改注册表

13. 1 MB 的存储容量相当于（　　）。

  A. 100 万个字节　　　　　　　　　　B. 2^{10} 个字节

  C. 2^{20} 个字节　　　　　　　　　　D. 1 000 KB

14. Internet 的四层结构分别是（　　）。

  A. 应用层、传输层、通信子网层和物理层

  B. 应用层、表示层、传输层和网络层

  C. 物理层、数据链路层、网络层和传输层

  D. 网络接口层、网络层、传输层和应用层

15. 在 Word 文档中有一个占用 3 页篇幅的表格，如需将这个表格的标题行都出现在各页面首行，最优的操作方法是（　　）。

  A. 将表格的标题行复制到另外 2 页中

  B. 利用"重复标题行"功能

  C. 打开"表格属性"对话框，在列属性中进行设置

  D. 打开"表格属性"对话框，在行属性中进行设置

16. 在 Word 文档中包含了文档目录，将文档目录转变为纯文本格式的最优操作方法是（　　）。

  A. 文档目录本身就是纯文本格式，不需要再进行进一步操作

  B. 使用快捷键 Ctrl+Shift+F9

  C. 在文档目录上单击鼠标右键，然后执行"转换"命令

  D. 复制文档目录，然后通过选择性粘贴功能以纯文本方式显示

17. 在 Excel 列单元格中，快速填充 2011—2013 年每月最后一天日期的最优操作方法是（　　）。

  A. 在第一个单元格中输入"2011-1-31"，然后使用 MONTH 函数填充其余 35 个单元格

  B. 在第一个单元格中输入"2011-1-31"，拖动填充柄，然后使用智能标记自动填充其余 35 个单元格

  C. 在第一个单元格中输入"2011-1-31"，然后使用格式刷直接填充其余 35 个单元格

  D. 在第一个单元格中输入"2011-1-31"，然后执行"开始"菜单中的"填充"命令

18. 如果 Excel 单元格值大于 0，则在本单元格中显示"已完成"；单元格值小于 0，则在本单元格中显示"还未开始"；单元格值等于 0，则在本单元格中显示"正在进行中"，最优的操作方法是（　　）。

  A. 使用 IF 函数

  B. 通过自定义单元格格式，设置数据的显示方式

  C. 使用条件格式命令

  D. 使用自定义函数

19. 小李利用 PowerPoint 制作产品宣传方案，并希望在演示时能够满足不同对象的需要，处理该演示文稿的最优操作方法是（　　）。

A. 制作一份包含适合所有人群的全部内容的演示文稿，每次放映时按需要进行删减

B. 制作一份包含适合所有人群的全部内容的演示文稿，放映前隐藏不需要的幻灯片

C. 制作一份包含适合所有人群的全部内容的演示文稿，然后利用自定义幻灯片放映功能创建不同的演示方案

D. 针对不同的人群，分别制作不同的演示文稿

20. 如果需要在一个演示文稿的每页幻灯片左下角相同位置插入学校的校徽图片，最优的操作方法是（　　）。

A. 打开幻灯片母版视图，将校徽图片插入母版中

B. 打开幻灯片普通视图，将校徽图片插入幻灯片中

C. 打开幻灯片放映视图，将校徽图片插入幻灯片中

D. 打开幻灯片浏览视图，将校徽图片插入幻灯片中

二、字处理

在考生文件夹下打开文档"Word.docx"。

某高校学生会计划举办一场"大学生网络创业交流会"的活动，拟邀请部分专家和老师给在校学生进行演讲。因此，校学生会外联部需制作一批邀请函，并分别递送给相关的专家和老师。

请按如下要求，完成邀请函的制作：

1. 调整文档版面，要求页面高度 18 厘米、宽度 30 厘米，页边距（上、下）为 2 厘米，页边距（左、右）为 3 厘米。

2. 将考生文件夹下的图片"背景图片.jpg"设置为邀请函背景。

3. 根据"Word-邀请函参考样式.docx"文件，调整邀请函中内容文字的字体、字号和颜色。

4. 调整邀请函中内容文字段落对齐方式。

5. 根据页面布局需要，调整邀请函中"大学生网络创业交流会"和"邀请函"两个段落的间距。

6. 在"尊敬的"和"（老师）"文字之间，插入拟邀请的专家和老师姓名，拟邀请的专家和老师姓名在考生文件夹下的"通讯录.xlsx"文件中。每页邀请函中只能包含 1 位专家或老师的姓名，所有的邀请函页面另外保存在一个名为"Word 邀请函.docx"的文件中。

7. 邀请函文档制作完成后，保存"Word.docx"文件。

三、电子表格

小李今年毕业后，在一家计算机图书销售公司担任市场部助理，主要的工作职责是为部门经理提供销售信息的分析和汇总。

根据销售数据报表（"Excel.xlsx"文件），按照如下要求完成统计和分析工作：

1. 对"订单明细表"工作表进行格式调整，通过套用表格格式方法将所有的销售记录调整为一致的外观格式，并将"单价"列和"小计"列所包含的单元格调整为"会计专用"（人

民币）数字格式。

2. 根据图书编号，在"订单明细表"工作表的"图书名称"列中使用 VLOOKUP 函数完成图书名称的自动填充。"图书名称"和"图书编号"的对应关系在"编号对照"工作表中。

3. 根据图书编号，在"订单明细表工作表"的"单价"列中使用 VLOOKUP 函数完成图书单价的自动填充。"单价"和"图书编号"的对应关系在"编号对照"工作表中。

4. 在"订单明细表"工作表的"小计"列中，计算每笔订单的销售额。

5. 根据"订单明细表"工作表中的销售数据，统计所有订单的总销售金额，并将其填写在"统计报告"工作表的 B3 单元格中。

6. 根据"订单明细表"工作表中的销售数据，统计《MS Office 高级应用》图书在 2012 年的总销售额，并将其填写在"统计报告"工作表的 B4 单元格中。

7. 根据"订单明细表"工作表中的销售数据，统计隆华书店在 2011 年第 3 季度的总销售额，并将其填写在"统计报告"工作表的 B5 单元格中。

8. 根据"订单明细表"工作表中的销售数据，统计隆华书店在 2011 年的每月平均销售额（保留 2 位小数），并将其填写在"统计报告"工作表的 B6 单元格中。

9. 保存"Excel.xlsx"文件。

四、演示文稿

为了更好地控制教材编写的内容、质量和流程，小李负责起草了图书策划方案（请参考"图书策划方案.docx"文件）。他需要将图书策划方案 Word 文档中的内容制作为可以向教材编委会进行展示的 PowerPoint 演示文稿。

现在根据图书策划方案（请参考"图书策划方案.docx"文件）中的内容，按照如下要求完成演示文稿的制作：

1. 创建一个新演示文稿，内容需要包含"图书策划方案.docx"文件中所有讲解的要点，包括：

（1）演示文稿中的内容编排，需要严格遵循 Word 文档中的内容顺序，并仅需要包含 Word 文档中应用了"标题 1""标题 2""标题 3"样式的文字内容。

（2）Word 文档中应用了"标题 1"样式的文字，需要成为演示文稿中每页幻灯片的标题文字。

（3）Word 文档中应用了"标题 2"样式的文字，需要成为演示文稿中每页幻灯片的第一级文本内容。

（4）Word 文档中应用了"标题 3"样式的文字，需要成为演示文稿中每页幻灯片的第二级文本内容。

2. 将演示文稿中的第一页幻灯片调整为"标题幻灯片"版式。

3. 为演示文稿应用一个美观的主题样式。

4. 在标题为"2012 年同类图书销量统计"的幻灯片页中插入一个 6 行 5 列的表格，列标题分别为"图书名称""出版社""作者""定价""销量"。

5. 在标题为"新版图书创作流程示意"的幻灯片页中，将文本框中包含的流程文字利用 SmartArt 图形展现。

6. 在该演示文稿中创建一个演示方案，该演示方案包含第 1、2、4、7 张幻灯片，并将该演示方案命名为"放映方案1"。

7. 在该演示文稿中创建一个演示方案，该演示方案包含第1、2、3、5、6张幻灯片，并将该演示方案命名为"放映方案2"。

8. 保存制作完成的演示文稿，并将其命名为"PowerPoint.pptx"。

计算机二级模拟题（二）

一、选择题

1. 下列叙述中正确的是（　　）。
A. 结点中具有两个指针域的链表一定是二叉链表
B. 结点中具有两个指针域的链表可以是线性结构，也可以是非线性结构
C. 二叉树只能采用链式存储结构
D. 循环链表是非线性结构

2. 某二叉树的前序序列为 ABCD，中序序列为 DCBA，则后序序列为（　　）。
A. BADC　　　　B. DCBA　　　　C. CDAB　　　　D. ABCD

3. 下面不能作为软件设计工具的是（　　）。
A. PAD 图　　　　　　　　　　　B. 程序流程图
C. 数据流程图（DFD 图）　　　　D. 总体结构图

4. 逻辑模型是面向数据库系统的模型，下面属于逻辑模型的是（　　）。
A. 关系模型　　B. 谓词模型　　C. 物理模型　　D. 实体联系模型

5. 运动会中一个运动项目可以有多名运动员参加，一个运动员可以参加多个项目，则实体项目和运动员之间的联系是（　　）。
A. 多对多　　　B. 一对多　　　C. 多对一　　　D. 一对一

6. 堆排序最坏情况下的时间复杂度为（　　）。
A. n^{15}　　　B. $n\log_2 n$　　　C. $n(n-1)/2$　　　D. $\log_2 n$

7. 某二叉树中有 15 个度为 1 的结点，16 个度为 2 的结点，则该二叉树中总的结点数为（　　）。
A. 32　　　　　B. 46　　　　　C. 48　　　　　D. 49

8. 下面对软件特点的描述，错误的是（　　）。
A. 软件没有明显的制作过程
B. 软件是一种逻辑实体，不是物理实体，具有抽象性
C. 软件的开发、运行对计算机系统具有依赖性
D. 软件在使用中存在磨损、老化问题

9. 某系统结构图如下图所示，该系统结构图最大扇入是（　　）。

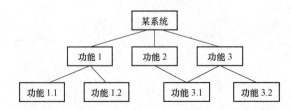

A. 0   B. 1   C. 2   D. 3

10. 设有表示公司、员工及雇佣关系的三张表：公司 C（公司号，公司名，地址，注册资本，法人代表，员工数），员工 S（员工号姓名，性别，年龄，学历），雇佣 E（公司号，员工号，工资，工作起始时间）。员工可在多家公司兼职。其中，表 C 的键为公司号，表 S 的键为员工号，则表 E 的键（码）为（　　）。

     A. 公司号，员工号   B. 员工号，工资
     C. 员工号   D. 公司号，员工号，工资

11. 假设某台计算机的硬盘容量为 20 GB，内存储器的容量为 128 MB，那么，硬盘的容量是内存容量的（　　）倍。

     A. 200   B. 120   C. 160   D. 100

12. 下列关于 ASCII 编码的叙述中，正确的是（　　）。

     A. 标准的 ASCII 表有 256 个不同的字符编码
     B. 一个字符的标准 ASCII 码占一个字符，其最高二进制位总是 1
     C. 所有大写的英文字母的 ASCII 值都大于小写英文字母"a"的 ASCII 值
     D. 所有大写的英文字母的 ASCII 值都小于小写英文字母"a"的 ASCII 值

13. 下列各设备中，全部属于计算机输出设备的一组是（　　）。

     A. 显示器，键盘，喷墨打印机   B. 显示器，绘图仪，打印机
     C. 鼠标，扫描仪，键盘   D. 键盘，鼠标，激光打印机

14. 下列 4 种软件中，属于应用软件的是（　　）。

     A. 财务管理系统   B. DOS   C. Windows 2016   D. Windows 10

15. 下列关于计算机病毒的叙述中，正确的选项是（　　）。

     A. 计算机病毒只感染.exe 或.com 文件
     B. 计算机病毒可以通过读写软件、光盘或 NAN 网络进行传播
     C. 计算机病毒是通过电力网进行传播的
     D. 计算机病毒是由于软件片表面不清洁而造成的

16. 下列都属于计算机低级语言的是（　　）。

     A. 机器语言和高级语言   B. 机器语言和汇编语言
     C. 汇编语言和高级语言   D. 高级语言和数据库语言

17. 计算机网络是一个（　　）。

     A. 在协议控制下的多机互联系统   B. 网上购物系统
     C. 编译系统   D. 管理信息系统

18. 在微型计算机的内存储器中，不能随机修改其存储内容的是（　　）。

     A. RAM   B. DRAM   C. ROM   D. SRAM

19. 以下所列的 IP 地址中，正确的是（　　）。

     A. 202.112.111.1   B. 202.202.5   C. 202.258.14.12   D. 202.33.256

20. IE 浏览器收藏夹的作用是（　　）。

     A. 收集感兴趣的页面地址   B. 记忆感兴趣的页面内容
     C. 收集感兴趣的文件内容   D. 收集感兴趣的文件名

二、字处理

在考生文件夹下打开文档"Word.docx",按照要求完成下列操作并以该文件名("Word.docx")保存文档。

某高校为了丰富学生的课余生活,开展了艺术与人生论坛系列讲座,校学工处将于2021年12月29日14:00—16:00在校国际会议中心举办题为"大学生形象设计"的讲座。

根据上述活动的描述,利用Microsoft Word制作一份宣传海报(宣传海报的参考样式请参考"Word-海报参考样式.docx"文件),要求如下:

1. 调整文档版面,要求页面高度20厘米,页面宽度16厘米,页边距(上、下)为5厘米,页边距(左、右)为3厘米,并将考生文件夹下的图片"Word-海报背景图片.jpg"设置为海报背景。

2. 根据"Word-海报参考样式.docx"文件,调整海报内容文字的字号、字体和颜色。

3. 根据页面布局需要,调整海报内容中"报告题目""报告人""报告日期""报告时间""报告地点"信息的段落间距。

4. 在"报告人"位置后面输入报告人姓名(郭云)。

5. 在"主办:校学工处"位置后另起一页,并设置第2页的页面纸张大小为A4篇幅,纸张方向设置为"横向",页边距为"普通"。

6. 在新页面的"日程安排"段落下面,复制本次活动的日程安排表(请参考"Word-活动日程安排.xlsx"文件),要求表格内容引用Excel文件中的内容,如若Excel文件中的内容发生变化,Word档中的日程安排信息随之发生变化。

7. 在新页面的"报名流程"段落下面,利用SmartArt制作本次活动的报名流程(学工处报名、确认坐席、领取资料、领取门票)。

8. 插入报告人照片为考生文件夹下的"Pic2.jpg"照片,将该照片调整到适当位置,并不要遮挡文档中的文字内容。

9. 保存本次活动的宣传海报设计为"Word.docx"。

三、电子表格

小李在东方公司担任行政助理,年底小李统计了公司员工档案信息的分析和汇总。

根据东方公司员工档案表("Excel.xlsx"文件),按照如下要求完成统计和分析工作:

1. 对"员工档案表"工作表进行格式调整,将所有工资列设为保留两位小数的数值,适当加大行高列宽。

2. 根据身份证号,在"员工档案表"工作表的"出生日期"列中,使用MID函数提取员工生日,单元格式类型为"yyyy'年'm'月'd'日'"。

3. 根据入职时间,在"员工档案表"工作表的"工龄"列中,使用TODAY函数和INT函数计算员工的工龄,工作满一年才计入工龄。

4. 引用"工龄工资"工作表中的数据来计算员工档案表工作表员工的工龄工资,在"基础工资"列中,计算每个人的基础工资(基础工资=基本工资+工龄工资)。

5. 根据"员工档案表"工作表中的工资数据,统计所有人的基础工资总额,并将其填写在"统计报告"工作表的B2单元格中。

6. 根据"员工档案表"工作表中的工资数据，统计职务为项目经理的基本工资总额，并将其填写在"统计报告"工作表的 B3 单元格中。

7. 根据"员工档案表"工作表中的数据，统计东方公司本科生平均基本工资，并将其填写在"统计报告"工作表的 B4 单元格中。

8. 通过分类汇总功能求出每个职务的平均基本工资。

9. 创建一个饼图，对每个员工的基本工资进行比较，并将该图表放置在"统计报告"中。

10. 保存"Excel.xlsx"文件。

四、演示文稿

某公司新员工入职，需要对他们进行入职培训。为此，人事部门负责此事的小吴制作了一份入职培训的演示文稿。但人事部经理看过之后，觉得文稿整体做得不够精美，还需要再美化一下。请根据提供的"入职培训.pptx"文件，对制作好的文稿进行美化，具体要求如下所示：

1. 将第 1 张幻灯片设为"节标题"，并在第 1 张幻灯片中插入"人物剪贴画.jpg"。

2. 为整个演示文稿指定一个恰当的设计主题。

3. 为第 2 张幻灯片上面的文字"公司制度意识架构要求"加入超链接，链接到 Word 素材文件"公司制度意识架构要求.docx"。

4. 在该演示文稿中创建一个演示方案，该演示方案包含第 1、3、4 张幻灯片，并将该演示方案命名为"放映方案 1"。

5. 为演示文稿设置不少于 3 种幻灯片切换方式。

6. 将制作完成的演示文稿以"入职培训.pptx"为文件名进行保存。

计算机二级模拟题（三）

一、选择题

1. 某二叉树的中序遍历序列为 CBADE，后序遍历序列为 CBADE，则前序遍历序列为（   ）。
   A. EDABC   B. CBEDA   C. CBADE   D. EDCBA
2. 下列叙述中，正确的是（   ）。
   A. 在循环队列中，队头指针和队尾指针的动态变化决定队列的长度
   B. 在循环队列中，队尾指针的动态变化决定队列的长度
   C. 在带链的队列中，队头指针与队尾指针的动态变化决定队列的长度
   D. 在带链的栈中，栈顶指针的动态变化决定栈中元素的个数
3. 设栈的存储空间为 S（1:60），初始状态为 top=61。现经过一系列正常的入栈与退栈操作后，top=1，则栈中的元素个数为（   ）。
   A. 60   B. 59   C. 0   D. 1
4. 设顺序表的长度为 n。下列排序方法中，最坏情况下比较次数小于 n(n-1)/2 的是（   ）。
   A. 堆排序   B. 快速排序   C. 简单插入排序   D. 冒泡排序
5. 下面属于软件定义阶段任务的是（   ）。
   A. 需求分析   B. 软件测试   C. 详细设计   D. 系统维护
6. 下列选项中，不是面向对象主要特征的是（   ）。
   A. 复用   B. 抽象   C. 继承   D. 封装
7. 数据库管理系统是（   ）。
   A. 操作系统的一部分   B. 在操作系统支持下的系统软件
   C. 一种编译系统   D. 一种操作系统
8. 对数据库数据的存储方式和物理结构的逻辑进行描述的是（   ）。
   A. 内模式   B. 模式   C. 外模式   D. 用户模式
9. 将实体联系模型转换为关系模型时，实体之间多对多联系在关系模型中的实现方式是（   ）。
   A. 建立新的关系   B. 建立新的属性
   C. 增加新的关键字   D. 建立新的实体
10. 将数据库的结构划分成多个层次，是为了提高数据库的（   ）。
    A. 逻辑独立性和物理独立性   B. 数据处理并发性
    C. 管理规范性   D. 数据共享
11. 20 GB 的硬盘表示容量约为（   ）。

A. 20 亿个字节　　　　　　　　　　B. 20 亿个二进制位
C. 200 亿个字节　　　　　　　　　D. 200 亿个二进制位

12. 计算机安全是指计算机资产安全，即（　　）。
A. 计算机信息系统资源不受自然有害因素的威胁和危害
B. 信息资源不受自然和人为有害因素的威胁和危害
C. 计算机硬件系统不受人为有害因素的威胁和危害
D. 计算机信息系统资源和信息资源不受自然和人为有害因素的威胁和危害

13. 下列设备组中，完全属于计算机输出设备的一组是（　　）。
A. 喷墨打印机，显示器，键盘　　　B. 激光打印机，键盘，鼠标器
C. 键盘，鼠标器，扫描仪　　　　　D. 打印机，绘图仪，显示器

14. 在一个非零无符号二进制整数之后添加一个 0，则此数的值为原数的（　　）。
A. 4 倍　　　　B. 2 倍　　　　C. 1/2　　　　D. 1/4

15. 下列各进制的整数中，值最小的是（　　）。
A. 十进制数 11　　B. 八进制数 11　　C. 十六进制数 11　　D. 二进制数 11

16. 办公室小王正在编辑 A.docx 文档，A.docx 文档中保存了名为"一级标题"的样式，现在希望在 B.docx 文档中的某一段文本上也能使用该样式，以下小王的操作中最优的操作方法是（　　）。
A. 在 A.docx 文档中，打开"样式"对话框，找到"一级标题"样式，查看该样式的设置内容并记下，在 B.docx 文档中创建相同内容的样式并应用到该文档的段落文本中
B. 在 A.docx 文档中，打开"样式"对话框，单击"管理样式"按钮后，使用"导入/导出"按钮，将 A.docx 中的"一级标题"样式复制到 B.docx 文档中，在 B.docx 文档中便可直接使用该样式
C. 可以直接将 B.docx 文档中的内容复制粘贴到 A.docx 文档中，这样就可以直接使用 A.docx 文档中的"一级标题"样式了
D. 在 A.docx 文档中，选中该文档中应用了"一级标题"样式的文本，双击"格式刷"按钮，复制该样式到剪贴板，然后打开 B.docx 文档，单击需要设置样式的文本

17. 在微型计算机中，控制器的基本功能是（　　）。
A. 实现算术运算
B. 存储各种信息
C. 控制机器各个部件协调一致工作
D. 保持各种控制状态

18. 在 Excel 2010 中，E3:E39 保存了单位所有员工的工资信息，现在需要对所有员工的工资增加 50 元，以下最优的操作方法是（　　）。
A. 在 E3 单元格中输入公式"=E3+50"，然后使用填充句柄填充到 B39 单元格中
B. 在 E 列后插入一个新列 F 列，输入公式"=B3+50"，然后使用填充句柄填充到 F39 单元格，最后将 E 列删除，此时 F 列即为列，更改一下标题名称即可
C. 在工作表数据区域之外的任一单元格中输入 50，复制该单元格，然后选中 E3 单元格，单击右键，使用"选择性粘贴"，最后使用填充句柄填充到 E39 单元格中
D. 在工作表数据区域之外的任一单元格中输入 50，复制该单元格，然后选中 E3:E39 单

元格区域，单击右键，使用"选择性粘贴"即可。

19. 将 Excel 作表中的数据粘贴到 PowerPoint 中，当 Excel 中的数据内容发生改变时，保持 PowerPoint 中的数据同步发生改变，以下最优的操作方法是（　　）。

A. 使用"复制"→"粘贴"→"使用目标主题"
B. 使用"复制"→"粘贴"→"保留原格式"
C. 使用"复制"→"选择性粘贴"→"粘贴"→"Microsoft 工作表对象"
D. 使用"复制"→"选择性粘贴"→"粘贴链接"→"Microsoft 工作表对象"

20. 小张创建了一个 PowerPoint 演示文稿文件，现在需要将幻灯片的起始编号设置为从 101 开始，以下最优的操作方法是（　　）。

A. 使用"插入"选项卡下"文本"功能组中的"幻灯片编号"按钮进行设置
B. 使用"设计"选项卡下"页面设置"功能组中的"页面设置"按钮进行设置
C. 使用"幻灯片放映"选项卡下"设置"功能组中的"设置幻灯片放映"按钮进行设置
D. 使用"插入"选项卡下"文本"功能组中的"页眉和页脚"按钮进行设置

二、字处理

财务部助理小王需要协助公司管理层制作本财年的年度报告，请按照如下需求完成制作工作：

1. 打开"Word 素材.docx"文件，将其另存为"Word.docx"，之后所有的操作均在"Word.docx"文件中进行。

2. 查看文档中含有绿色标记的标题，例如"致我们的股东""财务概要"等，将其段落格式赋予到本文档样式库中的"样式1"。

3. 修改"样式1"样式，设置其字体为黑色、黑体，并为该样式添加 0.5 磅的黑色、单线条下划线边框，该下划线边框应用于"样式1"所匹配的段落，将"样式1"重新命名为"报告标题1"。

4. 将文档中所有含有绿色标记的标题文字段落应用"报告标题1"样式。

5. 在文档的第 1 页与第 2 页之间插入新的空白页，并将文档目录插入该页中。文档目录要求包含页码，并仅包含"报告标题1"样式所示的标题文字。将自动生成的目录标题"目录"段落应用"目录标题"样式。

6. 因为财务数据信息较多，因此设置文档第 5 页"现金流量表"段落区域内的表格标题行可以自动出现在表格所在页面的表头位置。

7. 在"产品销售一览表"段落区域的表格下方，插入一个产品销售分析图，图表样式参考"分析图样例.jpg"文件所示，并将图表调整到与文档页面宽度相匹配。

8. 修改文档页眉，要求文档第 1 项不包含页眉，文档目录页不包含页码，从文档第 3 页开始在页眉的左侧区域包含页码，在页眉的右侧区域自动填写该页中"报告标题1"样式所示的标题文字。

9. 为文档添加水印，水印文字为"机密"，并设置为斜式版式。

10. 根据文档内容的变化，更新文档目录的内容与页码。

三、电子表格

销售部助理小王需要针对2012年和2013年的公司产品销售情况进行统计分析，以便制订新的销售计划和工作任务。现在按照如下需求完成工作：

1. 打开"Excel_素材.xlsx"文件，将其另存为"Excel.xlsx"，之后所有的操作均在"Excel.xlsx"文件中进行。

2. 在"订单明细"工作表中，删除订单编号重复的记录（保留第一次出现的那条记录），但须保持原订单明细的记录顺序。

3. 在"订单明细"工作表的"单价"列中，利用VLOOKUP公式计算并填写相对应图书的单价金额。图书名称与图书单价的对应关系可参考工作表"图书定价"。

4. 如果每个订单的图书销量超过40本（含40本），则按照图书单价的93折进行销售；否则，按照图书单价的原价进行销售。按照此规则，计算并填写"订单明细"工作表中每笔订单的"销售额小计"，保留2位小数。要求该工作表中的金额以显示精度参与后续的统计计算。

5. 根据"订单明细"工作表的"发货地址"列信息，并参考"城市对照"工作表中省市与销售区域的对应关系，计算并填写"订单明细"工作表中每笔订单的"所属区域"。

6. 根据"订单明细"工作表中的销售记录，分别创建名为"北区""南区""西区"和"东区"的工作表，这4个工作表中分别统计本销售区域各类图书的累计销售金额，统计格式请参考"Excel 素材.xlsx"文件中的"统计样例"工作表。将这4个工作表中的金额设置为带千分位的、保留两位小数的数值格式。

7. 在"统计报告"工作表中，分别根据"统计项目"列的描述，计算并填写所对应的"统计数据"单元格中的信息。

四、演示文稿

在某展会的产品展示区，公司计划在大屏幕投影上向来宾自动播放并展示产品信息，因此需要市场部助理小王完善产品宣传文稿的演示内容。按照如下需求，在 PowerPoint 中完成制作工作：

1. 打开素材文件"PowerPoint_素材.pptx"，将其另存为"PowerPoint.pptx"，之后所有的操作均在"PowerPoint.pptx"文件中进行。

2. 将演示文稿中的所有中文文字字体由"宋体"替换为"微软雅黑"。

3. 为了布局美观，将第2张幻灯片中的内容区域文字转换为"垂直项目符号列表"SmartArt 布局，更改 SmartArt 的颜色，并设置该 SmartArt 样式为"三维优雅"。

4. 为上述 SmartArt 图形设置由幻灯片中心进行"缩放"的进入动画效果，并要求自上一动画开始之后，自动、逐个展示 SmartArt 中的3点产品特性文字。

5. 为演示文稿中的所有幻灯片设置不同的切换效果。

6. 将考试文件夹中的声音文件"BackMusic.mid"作为该演示文稿的背景音乐，并要求在幻灯片放映时即开始播放，至演示结束后停止。

7. 为演示文稿最后一页幻灯片右下角的图形添加指向网址"www.microsoft.com"的

超链接。

8. 为演示文稿创建 3 个节,其中"开始"节中包含第 1 张幻灯片,"更多信息"节中包含最后 1 张幻灯片,其余幻灯片均包含在"产品特性"节中。

9. 为了实现幻灯片可以在展台自动放映,设置每张幻灯片的自动放映时间为 10 秒钟。

附录

参考答案

第三部分 计算机一级模拟题参考答案

计算机一级模拟试题（一）

选择题
1～5 ACDCC 6～10 ABBCB 11～15 DCABC 16～20 DCBBD

计算机一级模拟试题（二）

选择题
1～5 CACDB 6～10 ABDAB 11～15 CBBA 16～20 BCCAB

计算机一级模拟试题（三）

选择题
1～5 AACBB 6～10 DDCBA 11～15 AAACD 16～20 DAACB

第四部分 计算机二级模拟题参考答案

计算机二级模拟题（一）

选择题
1～5 BDCAD 6～10 BABCD 11～15 CCCDB 16～20 BAACA

计算机二级模拟题（二）

选择题
1～5 BBCAA 6～10 BCDCA 11～15 CDBAB 16～20 BACAA

计算机二级模拟题（三）

选择题
1～5 AAAAA 6～10 ABAAA 11～15 CDDBD 16～20 BCDDB

参考文献

[1] 牛少彰. 大学计算机基础［M］. 北京：北京邮电大学出版社，2018.
[2] 徐洪国，等. 计算机应用基础［M］. 哈尔滨：哈尔滨工业大学出版社，2020.
[3] 于薇，等. 计算机应用基础项目化教程［M］. 北京：北京理工大学出版社，2020.
[4] 郭立文，等. 信息技术基础与应用［M］. 北京：北京理工大学出版社，2020.
[5] 李乔凤，等. 计算机应用基础上机指导［M］. 北京：北京理工大学出版社，2020.
[6] 孙二华，等. 计算机应用基础［M］. 北京：北京理工大学出版社，2018.
[7] 吴爽，等. 计算机公共基础与 MS Office 2016 高级应用习题及试验指导［M］. 北京：科学出版社，2021.
[8] 孙明玉，等. 计算机公共基础与 MS Office 2016 高级应用［M］. 北京：科学出版社，2021.
[9] 丛隧. 全国计算机等级考试教程二级 MS Office 高级应用［M］. 北京：科学出版社，2017.
[10] 付兵，等. Office 高级应用实验指导［M］. 北京：科学出版社，2017.
[11] 孙二华. 计算机应用基础——上机指导与习题集［M］. 成都：西南交通大学出版社，2018.